U0579352

# 决策的逻辑

## 生活中的行为心理学

朱睿

童璐琼

著

天地出版社 | TIANDI PRESS

目录 · CONTENTS

我 1998 年出国，到美国明尼苏达大学攻读工商管理博士学位。虽然当时是在商学院读书，但我发现我更感兴趣的是心理学。于是我学习了很多心理学专业的课程。直到今天，我的研究和教学都和心理学紧密相连。我经常在想，为什么心理学让我这么感兴趣？这么多年学习、思考下来，最有说服力的一个原因是，不仅因为它有趣，更重要的是它让我更好地了解了我是谁、我是如何做决策的。而在了解自己的过程中，心理学也让我对他人有了更系统、深入的了解。

不知道你会不会对以下这些场景有同感：在面对诸多选择时，感觉无从下手；对曾经做的决策后悔，绞尽脑汁问自己，为什么当初做了那个决定；怀疑自己的选择，为什么精心做出的决定与努力并没有给我们带来预期的幸福；面对生活中的种种不满，抱怨声往往大于改变的勇气与决心。这些问题看似不大相关，但它们都指向一个底层的问题，那就是：我们到底是如何做决策的？这背后是否有规律可循？这些规律是否帮我们做出了最好的决策？如果不是，我们如何能在了解背后规律的基础上，做出更优的选择？系统地解释并回答这些问题，是行为心理学研究的范畴，也是在这本书里我想和你分享的知识。

行为心理学通过科学的方法研究人的行为决策规律。通过几十年的发展，行为心理学发现的一个重要结论是：人的决策不是完全理性的。换句话说，我们即便是做非常重要的决策，也并不是像 AlphaGo（阿尔法围棋）一样，完全客观地分析出每种可能性出现的概率，以及它能给我们带来的效益，然后经过严谨的计算，最终得出一个最优的选择。相反，我们的大部分决策是冲动的、快速的，而且容易受到周围环境的影响。但大部分人的决策过程其实都存在规律，这使得行为科学在近些年来备受关注。从 2002 年诺贝尔经济学奖首次颁给一位行为心理学家后，2017 年、2019 年，诺贝尔经济学奖再次颁发给研究行为科学的研究者。他们代表着一群学者，努力通过严谨的研究，向我们解释人到底是如何做决策的。而了解这些规律，或许可以帮助我们做出更好的决策。

在这本书里，我将尝试系统地从行为心理学的视角，为你讲解人们做决策的过程。

在开篇部分，我介绍了本书的核心话题：我们是否了解自己，以及我们的大脑到底是如何工作的？

之后，我用三个章节介绍影响我们决策过程的三个重要维度，分别是：情绪、思维方式以及环境因素。你会了解到"感觉"对我们的重要意义，但并不是所有的情绪对我们都同等重要，而在情绪主导下的你会变得完全不一样。在思维方式上，我们喜欢偷懒，经常通过一些思维捷径做决策。另外，决策环境也会对我们产生系统的影响：信息的不同展示方式会影响你接受的程度；自己独自做决策，还是在朋友亲人在场的情况下做决策，你最终的选择很可能不一样。了解情绪、思维方式以及环境对决策的影响，会让你明白为什么我们的决策往往呈现系统的偏差。

在第四章中，我将介绍人们是如何记忆历史的。对于已经发生的事情，我们的大脑会像录像机一样如实地记录吗？事实是，我们会有选择性地记忆一些内容，也会不经意地扭曲历史，所以记忆并不完全可靠。

记忆并不完全值得信赖，那么我们能准确地预测未来吗？在第五章里，你会了解到，对于未来，我们的预测也往往会呈现系统的偏差。我们会过于乐观，放大单个事件的影响。在这章中，我还将和你探讨一个重要的话题，那就是：到底什么让我们幸福？

在最后一章里，我会介绍行为心理学在实践中的一些重要应用，比如：如何能设计出更好的方法帮助他人改掉偏见？如何帮助年轻人多存钱？如何推动更多的人参与环保？如何帮助自己以及他人做出更好的决策？

行为心理学里有一个我非常喜欢的概念，叫"助推"。这个词来自英文"Nudge"，它的原意是用胳膊肘轻轻地往前推。而在行为心理学中，它代表我们可以通过一点小的努力，为人们的生活带来好的变化。如果你想更好地了解自己，做出更优的决策，希望你能在这本书中有所收获，并在了解行为决策背后心理学原理的基础上，有效地助推自己和他人做出更好的决策。

朱　睿

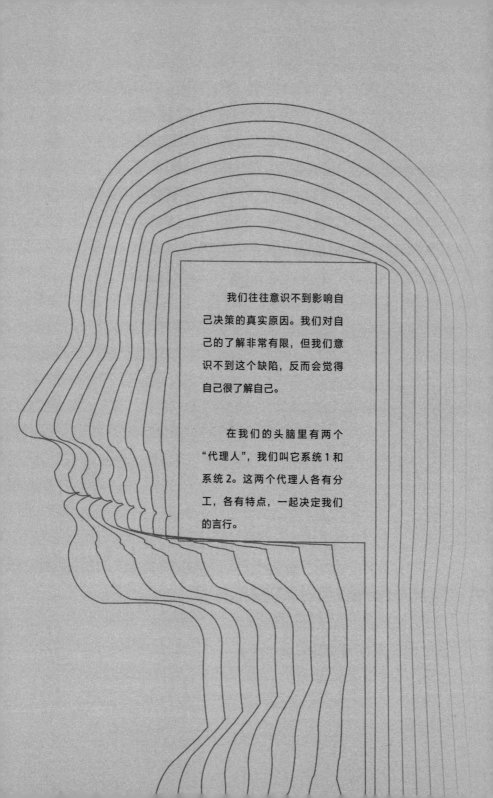

我们往往意识不到影响自己决策的真实原因。我们对自己的了解非常有限，但我们意识不到这个缺陷，反而会觉得自己很了解自己。

在我们的头脑里有两个"代理人"，我们叫它系统 1 和系统 2。这两个代理人各有分工，各有特点，一起决定我们的言行。

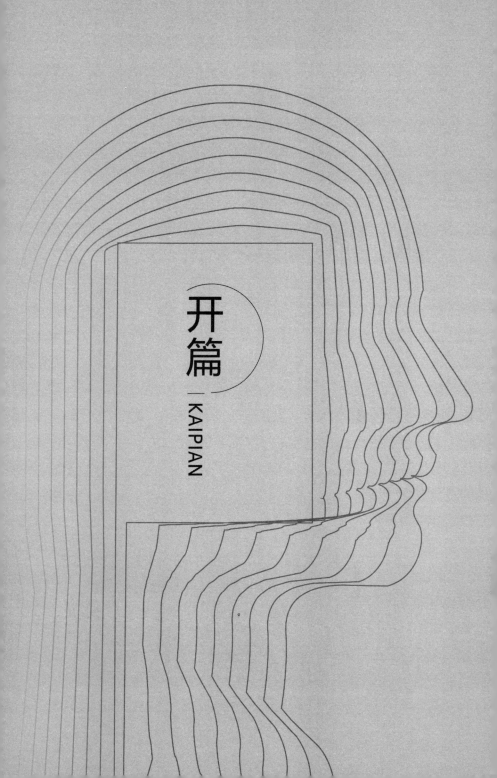

开篇

KAIPIAN

# 我们真的了解自己吗

前不久的一天早上，我把儿子送上校车后，和另外几位妈妈一边往回走一边聊天。其中一位妈妈突然说："我刚买了一个厨师机，就是那种能让你做出各种面点，比如说北海道吐司面包、抹茶戚风蛋糕、桂花糕等美食，能让你瞬间成为厨神的机器。"我们听完马上问："你试用了吗？觉得怎么样？"

那位妈妈不好意思地笑了笑，说："还没开箱呢！太大了，已经在楼道放了十几天了，还没勇气拆开！""那你为什么买呀？""嗐，就是我的一个厨神朋友，说真该早些买这个机器，然后我就赶紧去查了一下，一兴奋就下单了，花了我 3000 多块钱！"

你是否有相同的经历，会冲动做出决定，然后后悔不已？当然这不仅仅包括购买商品的决策，还包括和孩子的交流、工作的选择等。你是不是也经常会在做完决策后，恨不得敲敲自己的脑袋，心里想：我当时为什么那么做？我在想什么？下次我一定不会这样。但你有没有注意到，类似的事情总是重复出现，我们似乎总是不能对自己有一个客观准确的判断，也不清楚自己到底是怎么做决策的。

我们看似对自己的大脑非常熟悉，但它很多时候就像是个黑屋子，没有一个神秘通道能帮助我们进入，真正了解自己，看清到底是什么原因让我们快乐或者痛苦，让我们做出某个决定。我们常在做出选择之后后悔不已，充满困扰。如果你深有同感，请不要沮丧，因为你并不是少数。大量的心理学实验证明，人们对自己的了解不仅非常有限，而且充满偏差。也许这就是为什么从古到今，人们依旧在探讨"我是谁"这个永恒的话题。这本书意在通过系统地介绍行为心理学的一系列发现，帮助你更好地认识那个"陌生"的自己，然后做出更好的决策。

# 我们是否知道决策背后真实的原因

我们是否真的知道我们每一个决策背后真实的原因？为了解答这个问题，心理学家做了一个有趣的实验。他们在百货店门口放了一个商品展示台，在上面从左到右摆放了 4 双全新的袜子，并告诉顾客这些袜子分别属于 A、B、C、D 四个不同品牌。然后他们鼓励经过的顾客摸一摸这些袜子，说出哪一个品牌质量最好。但是，顾客不知道的是，这四双袜子其实是完全一样的。所以合理的结果应该是，每一个品牌被选中的概率都相等，大概是 1/4。那么最后实验的结果如何呢？

结果非常有意思，只有 12% 的顾客认为最左边的 A 品牌质量最好，而越往右边的品牌，越被更多的人认为质量好，居然有将近40% 的顾客认为最右边的 D 品牌的质量最好。这告诉我们什么？这说明商品摆放的位置才是造成这个决策的真正原因——人们更愿意选择摆放在右边的产品。当顾客选择了最右边的 D 品牌之后，研究者问他们，你为什么选 D 品牌？人们给出了各种各样的解释，比如说：我喜欢它的颜色，这双看上去材质更好，弹力也要更强一些……了解真相的你看到这里肯定在笑，因为这四双袜子其实完全一样！人们不仅不知道他们做出决策的真正原因，还能为自己的决策找到各式各样的理由。

但这个实验到这里还没有结束，研究者在听完顾客的理由之后，又跟进了一个问题："你觉得这些袜子摆放的顺序有没有可能影响了你的选择？"这时，顾客往往比较诧异，有些会说"你什么意思？""我不明白你的问题"，甚至有人会觉得研究者的思维太奇怪。人们坚信他们是依据产品的质量做出选择的，绝非其他荒谬的原因。

这个实验虽然简单，但它很有效地说明影响我们决策的真正因素往往隐藏在我们的潜意识里。但很遗憾，我们无法走入潜意识，因此很难辨别真相。我们对自己的了解非常有限，但我们意识不到这个缺陷，反而会觉得自己很了解自己。所以当被问及为什么会做出某种决策的时候，我们经常会制造出一些看似合理的理由，而且深信不疑。这也就导致我们对自己的了解不仅很有限，还会呈现系统的偏差。

# 我们是否了解过去和未来

除了对当下的自己不够了解，我们对过去以及未来的自己也很难有客观的认知和判断。说到过去，你也许会觉得自己至少记得已经发生的事情，因此对过去的自己还是能有比较客观的认知的。其实不然。

在之后的章节中，我会告诉你人们是如何管理记忆的。我用了"管理记忆"这个词，想表明的就是我们的大脑并不像照相机或者录像机那样如实地记录，可供之后随时、准确地提取。相反，我们的记忆体系更像是经过滤镜处理的照片。一系列的研究发现，我们目前的认知会扭曲过去的记忆。比如说，当一对夫妻走到离婚的边缘时，他们会觉得过去的生活里全是痛苦的记忆，而如果有一台如实记录往事的照相机的话，他们会发现原来事情并非如此。

我们生活中的很多决策还关乎未来。对自己未来的预测，人们同样会存在系统的偏差。如果你中了彩票，你会有多高兴？如果你不幸婚姻失败，得了绝症，你会有多痛苦？一系列研究结果发现，我们往往会错误估计未来事件给我们带来的情绪上的影响以及延续的时间。真正中了大奖的人，他们一开始的确很开心，但开心程度不会有他们预想的那么高，而且基本在几周内就回到了中奖前的水平，之后甚至会降到比中奖之前还低的程度。遭遇不幸的人也会经历痛苦，但不会有他们想象的那么糟糕，而且也会在几周内反弹，在意想不到的事情中重新找回生活的希望。这背后神奇的原因，我会在之后的章节中告诉你。

## 结语

在这节内容里，你已经了解到我们自我认知的局限性。看到这里，你也许会想，既然我对于当下、过去和未来的了解都存在问题，那怎么办？我要怎么做才能更客观地了解自己，然后做出更好的决策呢？

我学习心理学已经有很多年了，和你分享一个心得，那就是，我对心理学了解得越多，就会越谦卑。因为我深刻地意识到，我们对自己的了解其实很有限。但是通过学习心理学，我对人脑做决策的过程有了越来越多的认知，明白了在这个过程中人们容易出现哪些问题。这些知识不仅让我对自己有了更清晰的认知，也让我掌握了一些方法，可以更加有效地助推自己和他人做出更好的决策。当然，人对自己的认知是一个永无止境的过程，我希望能把这样的知识分享给你，让你也能有所进步。因此，在之后的章节中，我会介绍人们在决策中容易出现的误区，帮助你深入了解自己，提高决策质量。

# 人脑的神奇双系统

回想一天的生活，你可能会发现我们每个人每天都面临着各种各样的决策，有的非常轻松，有的却着实困难。就我自己而言，买什么品牌的牛奶和鸡蛋这样的决策非常容易，完全不费脑子，一两分钟就能解决。因为我们已经习惯了固定的品牌，这样的决策很轻松。但与此同时，我一天中也会有另外一些决策很伤脑筋，需要反复思考，来回比较，才能决定。例如，我发现孩子最近玩游戏有点上瘾，那我要怎么做才能最有效地帮助他？是删除游戏，没收手机，限定时间，还是把游戏作为一种完成任务后的奖励方式？找到最佳方案并不容易。你可能也会有同感，有很多决策对我们来说并不轻松。

## 系统 1 和系统 2

这两类不同的决策对应的恰恰是我们的大脑面对决策时的两类处理方式，也就是由心理学家丹尼尔·卡尼曼（Daniel Kahneman）提出的著名的双系统理论。他用了一个很形象的比喻来解释人脑的决策过程。你可以想象一下，在你的头脑里有两个"代理人"，我们叫它们系统1和系统2。这两个代理人各有分工，各有特点，一起决定你的言行。

代理人"系统1"：它工作起来是自动模式，毫不费力，速度很快，而且一直在工作，不会休息。换句话说，你无法让这个代理人下班。虽然很多时候我们并没有意识到它的存在，但它一直在帮助我们做决策。所以我把系统1描述成一个年轻、冲动、精力无限的孩子。我们每天80%以上的决策都是由系统1来完成的。就像前面举的第一个例子，买牛奶、鸡蛋、日常用品，系统1都能帮助我们瞬间决定。这样的任务还有很多，如吃饭、走路、判断他人的情绪、计算2×2等于多少等。这类简单或者习惯性的任务，都是系统1的工作范畴。

代理人"系统2"：它需要你的启动才能开始工作，会在决策中投入很多精力，对自身有控制，速度也会比较慢。所以我把系统2描述成一位遵循规则、深思熟虑，但精力有限的长者。系统2通常不会轻易出手，它对系统1这个孩子很纵容，能够接受系统1做的大部分决策，只有在有需要的时候才会现身，就像前面举的第二个例子，当面临困难问题，系统1对付不了的时候，系统2就会来主持大局。这样的场景还包括：正在减肥的你决定晚饭吃什么，当你学习一门新的语言或技能时，或者约束自己的言行时，等等。


## 调皮的孩子和理性的成人

为什么系统1会主导我们大部分的言行？因为它很高效。试想一下，如果一天24小时中，人类每一个决定都要由系统2经过仔细斟酌再做出决策，那将会带来巨大的消耗，人类也无法存活下来。所以从进化的角度来说，这两个代理人的分工非常合理。系统1非常高效，而且通常可以做出足够好的决策，让我们能正常生活。但它年轻、易冲动，所以也容易犯错误。

接下来我们就来看一下系统1在做决策的时候有哪些特性，可能会导致什么样的决策偏差。

首先，系统1做决策时非常喜欢依赖简单的信息。因为它每天要做无数决策，依据简单的标准无疑可以最大化地提高决策的速度。这里提到的简单标准指的就是那些不需要仔细思考就能做出判断的标准。举个例子，你听说了一个小道消息：动物园里跑出了一只老虎。第一次听的时候，你可能会怀疑，但当有第二个人、第三个人再跟你提到这个传闻的时候，估计你就会相信。为什么？当你听到一个信息的次数越来越多，本来陌生的信息就会变得熟悉。而根据过去的经验，如果一个信息能够被反复提及且让人感觉熟悉，它很有可能是已经被验证过的正确信息，因此"熟悉"也会在你心里潜移默化地和"真实"画上等号。因此，在这个例子里，信息熟悉度就是一个简单的判断标准，它在很多时候能够让我们更快地做出判断。但是，简单的标准并不一定在所有时间都正确，三人成虎就是一个很好的例子。

其次，系统1不仅喜欢简单的标准，还很擅长讲故事。它喜欢联想，可以依据非常有限的信息进行丰富的想象，然后讲出一个个顺理成章的故事。再回到上面的例子，如果我问你，为什么相信"动物园里跑出了一只老虎"这个消息，你可以很轻松地讲出一系列理由。比如说，以前似乎听说过类似的新闻，这个动物园的管理一向有问题，等等。但是你并没有意识到，其实这些都不是真正的原因，它们只是你编造出来的理由而已，你相信这个消息的真实原因，只是因为大家都这么说，系统1依据熟悉度迅速做出了判断。这种偏好联想和擅长讲故事的特性能让你把周围众多的信息串联在一起，感觉到世界是可以理解的，也是可以控制的。但在之后的章节里，你会看到，在绝大多数情况下，这种控制感只是一种错觉。

与此同时，系统1还有一个重要的特性：它比较"偏科"，数学不好，不擅长统计知识。我在这里给大家做一个小测试：

如果5台机器5分钟可以生产出5个零件，那100台机器需要多长时间能生产出100个零件？

100分钟。对吗？这是你脑子里马上闪出的答案，是不是？如果仔细想想，你会发现这并不是正确答案。但你不用沮丧，根据过去的研究，很多名校的高才生也会下意识地犯同样的错误。这恰恰是因为你在快速判断中采用了系统1，而你的系统1并不擅长复杂的逻辑分析和统计。

在这时，我们大脑中的系统2，那个理性、有控制的代理人，可以帮助我们解决这类问题。回想一下刚才那个题目，如果你仔细想一下，会发现答案应该是5分钟。因为，一台机器生产一个零件需要5分钟，那么100台机器生产100个零件，也需要5分钟。这道题的确不太直观，如果你还没想明白，可以对照题目再仔细想一下。当我让你仔细想一下的时候，其实我是在帮你启动你的系统2。

最后，系统1还很像一个不太稳定的孩子，它非常容易受到环境的影响。例如，它经常会被人们当时当地的情绪干扰。比如说，每天的天气都有可能影响到你对一件完全不相关事情的判断。在阳光灿烂的日子里，你会觉得未来一片光明，而在阴雨连绵的日子里，你会觉得未来蒙上了一层阴影。未来并不会因为今天的天气发生变化，但是系统 1 对未来的判断却因为它而改变。

综合以上，我们对系统 1 做个总结：它做决策的特点是偏好简单的决策标准，喜欢联想，不善于统计分析，而且容易受到环境的影响。这些发现颠覆了传统经济学中的假设。传统经济学认为人类无比聪明，非常理性，能够充分考虑到所有信息之后做出正确的决策，但是系统 1 的发现证明我们的决策并不像机器人和数学公式那样严谨完美。而对系统 1 的研究也奠定了行为心理学这个新兴学科的基础。

因为系统 1 掌管着我们绝大部分的决策，所以从下一章开始，我会介绍系统 1 的一些重要特点以及它给我们决策带来的具体影响。这中间会有很多你意想不到的现象。

接下来我们聊一聊系统 2，虽然它经常在幕后，工作时间不长，精力有限，但一旦被激活，它就会投入很大精力，理性地分析问题，约束系统 1 的冲动，并在深思熟虑后做出决策。当面临难题和事关重大的时候，以及当我们需要进行自我约束的时候，只有系统 2 能胜任。

如果你在减肥，你一定会有这样的感受，当面前放着一盒冰激凌的时候，你的欲望是拿起来就吃，这是你的系统 1 在工作。但这时你的心里会有另外一个声音："不要去拿，你在减肥，这个卡路里太高了，吃完就要后悔了！"这就是你的系统 2 在说话。你到底听谁的？这两个代理人谁最终决定你的行为，取决于你是否有足够的精力和能量来支持系统 2。约束自己的行为需要耗费能量。这也是为什么你精神好的时候或是在白天，你抵制那盒冰激凌的可能性会更大，而到晚上或是累的时候，你没有力气启动系统 2，则很容易屈服于永不休息的系统 1。减肥如此，教育孩子同样如此。你会发现到了晚上，你对孩子发脾气的概率就会上升，那是因为你累了，你的系统 2 已经没有精力帮你控制你的情绪了。

因此，虽然系统 1 年轻力壮，能对大部分决策给出足够好的答案，让我们能轻松地过日子，但面对重要的决策，尤其是需要我们进行自我约束的时候，系统 2 是阻止我们犯错误的防线。面对众多诱惑，系统 1 会毫不犹豫地往上冲，你的欲望和荷尔蒙，都会把你往前推。如果此时系统 2 不出现，那么你很有可能得到了眼前的利益，但会很后悔，甚至被惩罚。但系统 2 不容易被激活，而且很消耗能量。那如何能更好地锻炼系统 2，让它帮助我们做出正确决策，我会在之后给大家介绍具体的方法。

# 结语

在这一节里，我们打开了大脑这间黑屋子，看到了决策过程中的两个关键代理人：系统 1 和系统 2。系统 1 很勤劳，速度很快，偏好简单的决策标准，喜欢联想，不善于统计分析，而且容易受到环境的影响；而系统 2 遵循规则、深思熟虑，但精力有限。为了帮助大家更好地规避系统 1 带给我们的问题，在下面的章节里，我会介绍系统 1 的一些重要特质，以及这些特质如何影响我们的决策。

　　读到这里，我想问问你，你觉得你的决策在多大程度上依赖系统 1 呢？你的系统 2 会经常被激活吗？期待你带着思考进入我们后面的内容。

什么样的信息最能引起我们的关注，会更广泛地传播，并且深深影响我们的决策？在一个理想的世界里，我想大部分人都会希望自己的决策是基于客观、真实的信息做出的。但在现实生活中，是否如此呢？

　　我们大脑中系统 1 的影响无处不在，而系统 1 决策的一个重要特征是：跟着感觉走。

第一章

跟着感觉走

# 虚假信息为何满天飞

上一节我介绍了人脑的工作原理，里面提到了一个形象的比喻，就是我们的头脑中有两个代理人，系统1和系统2，它们通过分工合作，一起支配我们的言行。你还记得这两个系统中，哪个系统主导我们绝大部分的决策吗？对，是系统1，也就是那个冲动、快速、不加控制且精力无限的年轻代理人。**接下来我会用6节的篇幅，给你介绍系统1的第一个重要特点：跟着感觉走。**现在，我们就来谈一谈，什么样的信息最能引起我们的关注，会更广泛地传播，并且深深影响我们的决策。在一个理想的世界里，我想大部分人都希望自己的决策是基于客观、真实的信息做出的。但在现实生活中，是否如此呢？

我想先给你举几个例子。大概十多年前，我还在国外工作的时候，一次我和妈妈通电话，她说你一定要多喝绿豆汤。我当时没太当回事，一忙也就忘了，后来才知道张悟本当时在国内很火，一句"绿豆汤包治百病"把绿豆的价格炒到天上，也让不少忠实的听众因为喝了太多绿豆汤，导致腹痛及其他病痛。又过了几年，我妈妈劝我说不要用微波炉，会致癌。大家应该也记得这个谣言吧，网络上当时也是闹得沸沸扬扬，直到现在我们还会经常在朋友圈看到这类信息。面对全球范围内的新冠疫情暴发，媒体上更是充斥着各种消息——例如双黄连能杀死新冠病毒，于是不少含有双黄连成分的中药当天就脱销了。随后，专家辟谣，双黄连未能被证明能够治疗新冠肺炎，不遵医嘱服用还有可能带来不良影响。为此，不少社交媒体、第三方平台纷纷推出辨别真假新闻的功能。

听到这里，你也许会问：为什么这些谣言总是能像病毒似的传播，那么轻易就能吸引大众的注意力，影响我们的决策？现在我们来谈谈最具传播性的信息的几大特点。

首先，我想先请大家猜一猜：谣言和真相，谁传播得更快呢？针对这一问题，三位麻省理工学院的研究者做了一项可能到目前为止规模最大、也是最系统的关于假新闻的传播研究，并将结果发表在科学领域顶级的期刊之一——《科学》杂志上。他们分析了从2006 年到 2017 年 12 年间近 13 万条新闻在国外的推特（类似中国的微博）上的传播情况。结果发现：假新闻比真新闻传播得更快、更深、更广。而且不管是哪类信息，政治、娱乐、商业等，虚假的故事都会跑赢真实的信息，特别是虚假的政治新闻。具体来说：

从传播的平均数量上看，虚假信息被转发的可能性比真实信息多 70%，一条真新闻很少会被转发超过 1000 次，但排名居前 1% 的假新闻甚至可以被转发 10 万次。

从传播速度上看，假新闻的传播速度要远远快于真新闻。同样是传播给 1500 人，真新闻需要花的时间是假新闻的 6 倍。

总而言之，假新闻比真新闻具有更强的病毒式传播力。

这些结论听上去的确让人担忧。这也就意味着，在日常生活中，我们接收到的谣言要远多于真实的信息！

**为什么虚假信息如此具有传播力呢？** 学者们提出过不少解释，但这篇文章用很巧妙的方法证明了"新鲜感"在提升假新闻流行度中的关键作用。我用通俗的语言解释一下，就是信息内容越离谱，它的传播力越大。为什么越新鲜、越离谱的内容越容易吸引我们的眼球呢？从心理学的角度看，首先，新鲜的内容与我们已有的知识不同，因此我们感觉它能提供更有价值的信息，它自然会引起关注。其次，传播新鲜离奇的信息，也会提高我们在朋友中间的地位，别人会觉得你的消息更灵通、更先知先觉！我们每个人其实都是在很精心地设计如何把自己展示给别人，所以人们往往会在朋友圈里发一些能让自己的形象更好的信息，而这类新鲜的信息就是其中一种——它可以让你显得更有趣、更具有社交价值。

与此同时，请大家回忆一下，当你读到那些特别流行的信息时，除了觉得很新鲜，你还会有什么样的感觉呢？对了，这些信息不仅具有新鲜性，还会让你产生强烈的情绪。这就是它们流行的另一大原因。

关于这个原因，沃顿商学院的两位教授收集了《纽约时报》头版上3个月内发表的文章，然后分析了什么样的文章会被更广泛地传播。结果显示，一篇文章越能激发人们的情绪，它被传播的力度也会越大。更有意思的是，并不是所有的情绪都生来平等！那些能够激发激动、愤怒、焦虑或者惊讶等高强度情绪的内容，相比平静、悲伤这些低强度的情绪，会更吸引人们的注意力，也会有更大可能被转发。我想你和我都有类似的体会，当一篇文章、一则新闻给我们带来焦虑或愤怒的时候，我们会久久难以平静，也会更有可能和朋友分享这样的信息。

总结一下，最为流行的信息有两个非常重要的特质，一是新鲜程度，二是能激发强烈的情绪。当然还有很多其他的特质，也可以增加信息的吸引力，比如是否与个人相关，熟悉程度，等等。这些会在之后的内容中有所涉及。但新鲜度和情绪调动潜力无疑是被心理学家广泛接受的两个重要因素。

了解了以上内容，你就会明白，我们做决策依据的信息很多时候并非是完全客观、真实的。恰恰相反，很多信息能影响我们只是因为它们新鲜，能够激发强烈的情绪。意识到这一点，我们能做些什么？以下就是我想给你提的几点建议：

**第一步，**是意识到问题。如果你能意识到很多时候我们用来决策的信息并非客观、全面、真实的，我们天生喜欢离奇、激发情绪的信息，这就是一个很大的进步！能意识到并承认自己的不足，这是改进的前提。

**第二步，**有意识培养自己用批判的眼光处理信息的习惯。我们在浏览新闻、关注公众号、阅读朋友圈的时候，不要默认所有的内容都是真的，多问几句，是这样吗？这里是不是有夸张的成分？尤其是当信息很离奇，或者让你产生强烈情绪的时候，你可以先让自己冷静下来，想一下是否可信。当然，这并不容易做到。更糟的是，研究发现，当周围有其他人的时候，我们更不愿意去花时间和精力检查内容是否属实。因为人的大脑很爱偷懒，所以我们需要训练批判性思维，而大脑就像肌肉一样，你越锻炼它，它会越强大，越灵活。

这种批判性思考的能力不能一天养成，那么眼前你能做些什么？基于此，我想给你提出另外一条易于操作的建议：**多关注信**

息的来源，给有公信力的媒体更多信任。而对于小道消息，请多加质疑。

上面提到的都是如何避免虚假信息给我们带来的负面影响。其实，如果你从另一个视角看这一话题，会得到另外一个启发。那就是，如果我们想要更有效地影响他人，可以考虑如何能把信息用更能调动情绪、更加新鲜的方式展示出来。

举个例子，在心理学里有一个很有意思的现象叫"可识别受害者效应"。它讲的就是，相对于帮助一个较为宽泛的受益人群体，人们更愿意帮助一个细节生动的具体受益人。一位心理学家在2007年的时候做过一系列很有意思的实验。在实验中，他展示给其中一部分人的信息是，在非洲很多国家有许多人面临饥荒，并且给参与实验的人们提供了饥荒群体的人数，号召他们为这些人捐款。而另外一部分人看到的是一个挨饿的女孩的照片和一些让人心痛的描述。

在两种情况下，哪种情况会让你更愿意捐款？我想你应该能猜到实验的结果。虽然帮助饥荒的群体受益人数更多，但人们还是更愿意帮助那一位挨饿的女孩。虽然这一选择从受益人数量的角度来说似乎并不理性，但正如我们前面提到的，我们的决策深受信息表现方式的影响，我们总是会被生动的、给我们带来强烈情感体验的信息所打动。就像当年希望工程那个大眼睛女孩的照片——或许希望工程的创始人徐永光老师及其背后的设计者并不完全了解这个心理学的理论，但他们很成功地激发了大家的情感体验，让无数人给这个项目捐款。所以，当你想让你的信息更容易被人们接受，被大众传播，你可以考虑采用更新鲜、更生动、更容易引起大家强烈情绪的表现方式。

# 结语

　　客观全面的信息是做出正确决策的基础，但我们日常生活中最为关注的往往是谣言或者片面的信息。之所以会这样，是因为我们会自然而然地被新奇的或者激发强烈情感的信息所吸引。如果以上的介绍能够让你意识到吸引你的大部分信息具有这些特点，那么这个认知本身就有价值。同时你需要去考虑，是否应该有所改变。如果你对很多决策不满，事后会后悔，就可以考虑上面提到的一些建议，逐渐培养批判性的思维方式，选择更具可信度的媒体。反之，如果你想让某些信息更具传播性，请仔细考虑信息的呈现方式。

　　读到这里，请你仔细地想一想，在你的生活中，你更关注什么样的信息？你会习惯性地质疑接收到的信息吗？如果没有，你未来会怎么做呢？期待聪明的你找到答案。

# 两个不一样的你

　　14年前我生下我的第一个孩子。在临产时，为了不影响孩子，我对医生说，我生产的时候不准备用任何止痛药或者麻醉药，我身体很好，那点儿痛我肯定能承受。如果你也是母亲，或者是曾陪伴妻子走过这一程的丈夫，我想你应该很熟悉这一幕。那种母爱的伟大是毋庸置疑的。

　　然而发生了什么？如果你经历过自然生产，会知道生产过程中的疼痛到最后的时候是难以忍受的。我只记得当时我已经忘了该怎么呼吸，然后对我先生说，让麻醉师来！没想到的是，我说得太晚了，还来不及打止痛药，女儿就出生了。但我心里明白，我当时已经决定放弃了。

　　那种感觉是我之前完全不能理解和想象的。当我在怀孕的时候，也就是处于"冷"的状态的时候，我是无法想象处在"热"的状态（也就是真正的宫缩剧痛）时候的感觉的。这种差距导致我在"冷"的时候所做出的决策和我在"热"的时候做出的决策完全不同。这样的例子其实还有很多，比如你在吃饱的时候（也就是"冷"的状态下），难以想象你在饥饿的时候，可以狼吞虎咽地吃完一盘薯片；当你的婚姻生活一帆风顺的时候，你很难理解为什么夫妻会反目成仇，做出令人难以置信的事情。这些都说明我们在"冷"和"热"两种状态下做出的决策会大相径庭，但更重要的是，我们并不会意识到我们自己身处两种状态下的巨大差别。

## 冷热共情差距

这就是行为心理学里提到的"冷热共情差距"。简单来说就是，**你在冷静的时候不能想象你在情绪激动（也就是处在"热"的状态下）时情绪会发挥多大的作用；而你在"热"的状态下的时候，也不会意识到情绪正在对你做决策产生的巨大影响。**

有两位行为心理学家做了一系列的研究证明这种冷热共情差距的存在，并指出**这种差距会导致很危险的结果**。在这里我想给你介绍其中一个很著名也很有意义的实验。如果你是青春期孩子的家长，可能会担心自己处在青春期的孩子有不安全的性行为。当然现在时代进步了，很多家长都会很开明地和孩子探讨关于性的话题，也会明确告诉孩子要学会保护自己，比如用避孕套。这些年轻的孩子，在冷静的状态下，也很清楚该如何保护自己，尊重他人。但你有没有想过，当他们处于"热"的状态，情绪激动的时候，会怎么决策呢？这恰恰是我想给你介绍的实验。

这个实验的地点是美国加州伯克利人学。这是一所非常好的学校，能考人这个学校的孩子也都是佼佼者。这两位研究者通过贴海报在学校内找到了一些自愿报名的 18 岁以上的男生。研究助理和每个志愿者一对一地沟通，每个男生都被要求在自己的卧室床上、在没有其他人的情况下完成实验，即在电脑上回答一系列的问题。为了让你能更好地理解这个实验，我想请你把自己想象成参与这个实验的其中一位男生。

这个实验分为两个部分，第一个部分，你需要在一个私密的空间里，比如你的卧室，想象你的欲望已经被激发起来，然后回答一系列问题。

这些问题主要包括三大类：

第一类问题涉及你的性偏好，比如你是否会对不合适年龄的异性（例如未成年人）产生兴趣？是否会想在行为过程中采取一些暴力的动作？

第二类问题涉及你是否会做一些不道德的行为，比如欺骗对方说你爱她，这样可以增加她愿意和你发生性行为的概率？或者在对方拒绝的情况下，依然强行发生性关系？

第三类问题涉及你对不安全性行为的态度，比如在多大程度上你认为避孕套会减少快感？

在回答完这些问题后，研究助理会联系你，邀请你参加实验的第二个环节。这次，你需要通过一些方式，让自己真正处于性兴奋的状态，然后再次回答上面的问题。换句话说，实验者会测量你在"冷"和"热"两种状态下的性偏好，是否会采用不道德的手段，以及对性安全的判断。

你能猜到结果是怎样的吗？当看到实验结果时，我还是很震惊的。对于绝大部分问题，当处于"热"的状态的时候，这些男生都会做出更加极端的回答。他们会更想尝试各种各样奇怪的性行为，表示会更有可能通过不道德的手段获取性满足，也会更愿意采取不安全的性行为。

也就是说在冷静的时候，这些"别人家的孩子"都会对自己做出很好的判断，觉得自己在欲望被激起的时候，会有合适的表现，不会做出格的事情，也会保护自己、尊重别人。但他们没有想到的是，当自己身处"热"的状态的时候，结果完全不同。但这样的结论又何止限于伯克利的这些大学生呢？这个实验的结果发表于2005年，之后又有一系列类似的研究证明冷热共情差距是一个非常普遍的现象，也体现在很多场景中。比如抽烟上瘾的人，当烟瘾上来时，对于下次买烟愿意付出的价格要远高于他们的烟瘾得到满足的时候。

这样的实验结果有很深刻的意义。它说明我们并不了解自己，在我们的大脑里住着两个人——这听上去似乎有点人格分裂，但就像我之前讲到的，系统1和系统2共同决定我们的言行。但我们通常都会把自己想象成那个理性、逻辑、客观的系统2，殊不知系统1才是我们大部分决策的推手。在冷静的时候，系统2会清楚地告诉我们什么该做什么不该做，我们也会信心满满，觉得自己完全可以抵抗诱惑。当我们听到夫妻吵架导致大动干戈、辅导孩子学习却一气之下把孩子逼得跳楼等新闻的时候，我们会觉得这些人都是极少数的异类，这样的事情怎么可能在我身上发生？但此刻的你是处于冷静的状态，当"热"的情绪占据你的大脑，系统1掌控大局的时候，我们极有可能成为那个不认识的自己，任何你之前觉得不可能发生的事情都有可能出现。

# 结语

情绪能给我们带来很多好处，比如让我们在遇到危险的时候，本能地快速反应。但情绪也会给我们带来意想不到的后果。冷热共情差距就是对我触动很大的一个现象。它告诉我们，在冷静的时候，我们很难准确地判断自己在情绪起来时候的表现。明白了这个差距，我们就需要对自己的认知抱着更加谦卑的态度。我们需要更加了解自己容易受哪些情绪的影响，尽可能规避失控场景或做好准备降低伤害。

读到这里，请你仔细回忆一下，你是否曾经意识到两种状态下不同的自己呢？如果你曾经因为情绪失控而后悔，你准备怎么做？希望这一节的内容能带给你新的启发。

## 行为小锦囊

我们能做什么，才能使我们不会在情绪完全控制自己的时候做出糟糕的行为？这并不容易。很多行为心理学家也表示，虽然研究了这么久，但真正想要改变自己在"热"的状态下的行为很难。即便如此，我还是想结合众多学者的研究，给你提一些建议：

**首先，你需要认识到人是多面的**。我们的系统 2 并不是一直在线的，当情绪上来的时候，系统 1 会占上风。对此，我们要有清醒的认知。

**其次，经常事后反思自己在情绪激动下的表现**。我们经常忽略这部分的自己，或者根本没有意识到自己的这一面。

在反思的过程中，我们能看到自己容易犯的错误，将激动时候的自己与冷静时候的自己做比较，发现有哪些偏差；同时，把这种现象解释给孩子和你在乎的他人，也让他们了解冷热状态下不一致的你。

再次，最为重要的是，尽量让自己规避失控场景。当意识到自己容易受哪些情绪影响后，你就要努力去规避那些让你情绪失控的场景，而不是等你到了那个情绪状态时，再去控制自己。原因很简单，当情绪起来的时候，系统 2 就消失了，我们控制不了系统 1 的冲动。比如大量数据证明，酒精是导致校园暴力和性侵的一个重要因素，那么你就要告诉你的孩子不要多喝酒，最好不喝！再比如，我的一个朋友曾经给我分享过她的一个经验，就是一旦和孩子吵起来，她会主动离开，回到自己的房间，关上门。两人分开一段时间之后，火药味往往会消减很多，问题也会得到更有效的解决。

最后，面对一些你预想到的可能不可控的情况，事先做好准备，尽量降低伤害或损失。比如你知道今天出去应酬一定会喝酒，就不要开车，或者提前预约代驾。

# 存活率 90% 还是死亡率 10%

如果仔细观察生活，你也许会注意到，对于同样一件事情，我们会有不同的表述方式。而同样的问题，不同的描述方式会带来截然不同的感受。比如说，同样是推销避孕套，宣传 99% 的安全性要比承认 1% 的事故率更有说服力；商场里的牛肉标签通常强调含有 75% 的瘦肉，而不是 25% 的肥肉；同样是考了 90 分，家长可以对孩子说，你还是错了一道题，也可以说，哇，你绝大部分题都做对了，想必两种情况下孩子的感受截然不同。

## 语义效应

上面这些例子所体现的就是行为心理学里的"语义效应"。它指的是，在客观逻辑上完全一样的信息，因为表述方式的不同，会给人带来截然不同的感受。就像上文提到的例子，当我们强调信息的正面内容时，我们就更愿意接受这个信息；但当以反面的方式表述信息时，我们对它的接受程度会大幅度下降。只要多想一步，你就会发现这两种表述方式反映的其实是同一信息。

**为什么会发生这样的现象？** 聪明的你也许马上就会想到，因为你头脑中的系统 1 喜欢用感受、情绪做决策，而且善于联想。强调一个信息好的一面，对我们有利的一面，会让我们感受到正面的情绪，而且能联想到很多其他的好处。比如强调 75% 的瘦肉，你会想到，瘦肉有助于身体健康，是优质的蛋白质，我在健身，正好需要它之类的内容。这让我们更愿意接受这个信息，做出购买决策。相反，强调一个信息不好的一面，对我们不利的一面，会让我们感受到痛苦或焦虑，也会联想到其他负面的内容。比如强调 25% 的肥肉成分，会让你想到肥肉不好，我正在减肥，太油腻了，等等。这样的信息自然也就不会赢得你的欢心。我们讨厌负面的感受，所以当信息的负面内容被强化时，我们更倾向于拒绝接受。

你也许会说，这些例子都是些无足轻重的决策，要是面临重要的决策，我们的系统 2 一定会出手，因此不会受到这种语义效应的影响。如果你这么想，那么请你认真看一看下面这个实验。

心理学家曾经让哈佛大学医学院的医生参与了一个实验。面对肺癌，医生有两种治疗方法：手术或者放疗。数据显示，如果看五年的存活率，手术效果明显优于放疗。但从短期看，手术的风险要大于放疗。因此，在这个实验中，医生被分为两组，每组看到了不同的信息。

其中一组医生看到的信息是：如果手术，病人一个月内的存活率是 90%。

另一组医生看到的信息是：如果手术，病人一个月内的死亡率是 10%。

你觉得在这两组医生中，选择手术的比例会有差别吗？

也许你已经猜到了结果。在强调 90% 存活率的那组医生中，84% 的医生选择了手术治疗；但在强调死亡率的那组医生中，只有 50% 的医生选择了手术！这说明人们厌恶损失，就连经验丰富的医生也同样如此。由此可见，即使是面对重大的决策，我们的系统 1 也不可能对引发情绪的内容视而不见，在它的影响下，语义效应也会出现。

**语义效应不仅体现在人们对信息正反面描述的敏感上，还体现在人们对风险的态度上。**下面我请你想象自己正身处一个赌博的场景中，如果面临以下两个选择，你会选择哪一个？

A：你确定可以得到 900 元。

B：你有 90% 的可能会得到 1000 元，但有 10% 的可能会一无所获。

你会选哪一个？我猜你选的是 A，也就是得到确定的 900 元，对吗？在大样本的数据中，我们发现绝大多数人会选择这个确定的选项，而不愿意去冒险。但你只要稍微算一下就能发现，这两个选项的期望回报是完全一样的，都是 900 元。那么为什么多数人选择确定收益，而不是有风险的更大收益？行为心理学告诉我们，因为害怕损失，所以人通常不喜欢有风险的事情。大家会想，虽然只有 10% 的概率，但是万一什么都得不到怎么办？由此稳定的获得看上去要更有吸引力。

由此例可以看出，不同的风险表现形式也会显著影响人的决策。

但现在如果我把问题改一下，还是请你考虑两个赌博选择：

C：你确定会输掉 900 元。

D：你有 90% 的可能会输掉 1000 元，但还有 10% 的可能会一分钱也不输。

这时你会选哪一个？我猜你会选择赌一把，对吧？大数据的实验结果证明，大部分人选择了后者，也就是赌一把，虽然有 90% 的可能会输得更多，但至少还有 10% 的可能把损失都弥补回来。同样，如果你计算一下就会发现，这两个选择的期望值也是完全一样的，都是损失 900 元。那么为什么在这种情况下，大部分人选择了冒险，也就是那个有风险的选项呢？其实道理是一样的。因为人们害怕损失，厌恶损失，很难接受确定的 900 元的损失。于是，人们宁愿赌一把，期待那 10% 的机会的出现。

语义效应，归根到底，讲的是信息对人决策的影响不仅仅取决于信息内容本身，还包括它的展示方式，也就是这个信息是如何表达的。传统经济学家对此不屑一顾，觉得人原本应该客观、理性，不被表面现象所迷惑，能看到事情的本质。但很遗憾，大量行为心理学的实验结果证明，语义效应是一个非常普遍的认知偏差。它的影响无处不在，无论面临的决策是大是小、决策者经验是否丰富，它都会有影响。

## 结语

因为系统 1 喜欢感情用事，所以我们对信息的表达方式会非常敏感。当信息凸显好的内容的时候，我们更愿意接受，但当信息凸显的是坏的一面，或者隐含损失风险时，我们会尽量规避它。因此，我们既要意识到语义效应对我们的影响，也可以让它为我所用。

读到这里，你能想到语义效应对你产生影响的情景吗？你能想到如何运用语义效应更好地帮助自己或他人吗？期待聪明的你找到答案。

## 行为小锦囊

面对语义效应无处不在的影响，我们该做些什么？能做些什么？

我们应该意识到，很多决策的依据很可能是片面的信息。无论是电台里的新闻，还是商家展示的产品信息，都是经过包装的信息，其展示方式本身是有引导性的。

所以，对重要的决策，我们要养成从多方寻找信息，然后再做出判断的习惯。同一个问题，了解不同的观点，以及来自不同渠道的观点，往往能让你对问题本身有更广泛、全面的认知，也可以避免过于偏颇的决策。

当然，语义效应也可以帮助我们影响自己以及他人做出更好的决策，将它的作用发挥到积极的方面。比如我们可以通过强调潜在的损失，让他人更加注意某种行为。举个具体例子：为了鼓励更多的人定期做体检、让更多的人重视体验，我们可以强调如果不做体检将会面临的风险。再比如，为了培养人们注重环保的理念，我们可以采用一些巧妙的宣传方式，就像这样一句强调正面意义的话："世界上没有垃圾，只有放错地方的宝藏。"

# 改变为何如此困难

在我们的身边，经常有朋友抱怨生活中的诸多不顺，但真有勇气和决心做出改变的人并不多。改变的困难不仅体现在自己身上，也体现在改变他人上。无论是想影响孩子、朋友、同事，还是客户，我们似乎总是事与愿违。这一系列的现象，都指向同一个问题：为什么改变如此困难？这背后的心理学原理到底是什么？如果了解了这背后的原因，我们是否可以做出更有效的设计，使得改变不再那么困难？

## 现状偏差

行为科学里有一个名词叫 status quo bias，翻译成中文叫作"现状偏差"，描述的就是上面提到的现象。它指的是大部分人在面临选择和决策时，即便目前的选择并不是最优选择，甚至可能不是自己之前主动做出的选择，他们还是倾向于墨守成规，也就是维持现有的状态。

最早发现这个现象的是两个经济学家——萨缪尔森（Samuelson）

和泽克豪瑟（Zeckhauser）。他们在 1988 年发表了一篇文章，里面通过一系列巧妙的实验证明了人们的现状偏差倾向。

给大家举个例子，在其中的一个实验中，实验者要求参加实验的一部分学生想象一下如下情景：

你刚刚研究生毕业，拿到了两个学校的工作录取通知。你有如下两个选择：

学校 A：中等收入，有很大的机会晋升为教授。

学校 B：高收入，有一定的机会晋升为教授。

大家可以想一下，如果是你，你会选择哪个？

实验的结果是，74% 的人选择了学校 A，虽然工资不高，但有很大概率能升到教授职位（可见教授职位对大部分人很重要），只有 26% 的人选择了学校 B，工资高，但晋升教授职位的概率要低一些。

这个实验到此并没有结束。心理学家又让另外一群学生做同样的选择，但把其中的一个选项设定成了现状。请你和我一起想象一下下面的情景：

你目前在学校 B 任职。最近有另外一所学校 A 向你抛来了橄榄枝。

你有如下两个选择：

留在学校 B：高收入，有一定的机会晋升为教授。

选择学校 A：中等收入，有很大的机会晋升为教授。

在这种情况下，你会选哪个？

结果是，当学校 B 被设定为现状时，有 79% 的人选择了学校 B，只有 21% 的人选择了学校 A。而在没有把任何一个学校设成现状的时候，只有 26% 的人选了学校 B。这个差距是巨大的。这说明什么？即使学校 B 并不是你真心喜欢的学校，但是一旦它是你的现状，你就不太愿意改变它。当然，有人也许会问，如果把学校 A 设成现状会怎么样？你可能已经猜到了，当学校 A 是现状时，它被选择的可能性也会大大上升。

所以，这个实验成功证明了现状偏差的存在，也就是说，人们都爱保持现状。而且这种现状偏差会随着选择的增多变得更加明显。如果你现在面临的不是两个选择，而是三个、四个，甚至更多，比如有好几所学校或者好几家公司找到你时，被设定成现状的那个选项，会显得更有吸引力。

当然，我只是举了这篇文章中的一个例子。事实证明，在人们日常的很多决策中，都会呈现这种偏差，比如职业的路径、医疗保险的选择、投资组合，等等，大部分人在做完第一次决策后会长期保持原有选择——即使改变可能带来更好的收益。

## 现状偏差的原因

为什么会这样？为什么我们如此青睐现状？行为科学中给出了很多种解释，我比较认可的有以下两种。

第一种解释是，因为人们对损失特别敏感，所以导致他们会高估改变的成本。任何改变，虽然有潜在好处，但也需要付出成本。这里的成本包括转化成本（比如，为了新工作搬家的成本）、学习成本（到了新的岗位肯定需要学习新的知识）以及克服困难的成本（毕竟是不熟悉的领域，会遇到挑战，克服困难同样需要付出成本）。通常情况下，我们会认为成本就是损失。根据研究，对于短期拥有的东西，新的选择能提供的好处需要达到改变所付出成本的两倍，人们才愿意改变。对于拥有时间长的东西，这个倍数甚至会增加到4倍。因此，对于我们已经习以为常的习惯、工作或生活用品，新的选择需要提供足够大的好处，才能让我们有动力去改变。这也就解释了为什么大部分时候人们选择维持现状。

第二种解释涉及我们对生活的控制感。我们只有对周围的事情和环境拥有控制感，才能降低我们的焦虑感。现状即便不完美，但我们知道今天会发生什么，明天也不会差太多，一切就都在可控的范围内。但如果改变，就有很多不确定，也就会带来失控的感觉，而这是人们不想要的，会让我们焦虑、害怕，因此我们从内心里害怕改变，希望能保持可控的现状。

# 结语

这一节和大家分享的是一个很多人都会发愁的话题：为什么改变如此困难？现状偏差普遍存在，主要是因为人们不喜欢改变带来的损失，会高估改变的成本，再加上人们希望保持控制感，这些都导致改变很难发生。因此，如果想要改变，首先，我们需要能够触动内心的原因，这些原因需要足够重要、足够深刻；其次，改变需要技巧，这里包括设定小目标，寻找关键习惯，甚至去掉现有选项。希望这些内容让面对改变时犹豫不决的你有所收获。

读到这里，我想问问你：目前生活中哪一点是你最想改变的？

你觉得改变的最大阻力是什么？看完这一节，你有哪些新的想法能
促进自己改变？

## 行为小锦囊

既然改变带来的损失和失控感造成了现状偏差，那么我
们能做些什么，让改变可以不那么困难？

第一点，或许也是最重要的一点，是我们要想清楚是否
要改变，为什么要改变。这里有两种情况。一种情况是，你
经过仔细权衡，发现现状不一定不好，新的选择带来的收益
并没有那么大。如果是这样，也就不该纠结。事实上，有的
时候维持现状就是最优的选择。但如果是另一种情况，你明
确看到现状的不足，而且有不同的选择可以提供更好的结果，
那么你首先要做的就是想明白为什么要改变。改变不能只是
因为一个肤浅的原因，如果你想减肥只是因为别人都在减，
换工作只是为了买辆更好的车，这些原因很快会失去作用。
而真正的改变源于更深入的原因——那些真正触动你内心的
原因，这样的原因可能是关于家庭、关于自由、关于超越自
我、关于奉献社会的。所以你需要做的是挖掘出想要改变的
深层次原因。如果这个原因足够强、足够有意义，你就能最
大程度地看到改变的好处，并有持久的动力去改变。

第二点，把大的改变拆分成一个个小的改变。改变不可
能一蹴而就。有人减肥一开始就说一个月要减 50 斤，成功
的概率能有多大？一旦达不到目标，心理又会受挫。所以制
订具体的计划，设定一步一步的小目标就显得尤为重要。心

理学也告诉我们，当我们把一个大目标拆解成一个个小目标，并逐步达到的时候，我们就会感受到进步。这种进步的感觉会给我们更大的动力追求最终的目标。比如说，如果你想让孩子少看电子产品，多阅读，那不妨尝试从每天阅读5分钟这一目标开始，从5分钟，到10分钟，到一刻钟，到最后阅读成为一种习惯，每一个小目标的实现都不那么困难，你和孩子也会变得越来越有信心。

第三点，发挥习惯的力量。之前我读过《纽约时报》一位著名记者写的书——《习惯的力量》。书中提到，习惯支配我们绝大部分的决策；而其中让我印象最深的是，并不是所有的习惯都同等重要。有些习惯被称为关键习惯。顾名思义，这是最重要的一些习惯，它们之所以重要，并不是因为它们很难形成，或者是看起来很重要——恰恰相反，这些关键习惯往往是小的习惯，但它的形成会导致连锁反应，引发其他的习惯。比如有规律地锻炼。当一个人开始有规律地锻炼时，他也会不知不觉地开始在其他方面改变。他会更注重饮食健康，他的精神会更好，工作更有效率，对家人也会更有耐心。这就是一个关键习惯带动全方位改变的例子。类似的关键习惯还包括坚持记录你的饮食，甚至包括每天早上起来叠被子。对我自己而言，我的关键习惯可能是早睡早起。这点会带动我的一系列其他方面的改变。所以，不管是我们自己想要做出改变，还是想改变他人，思考如何从一个关键习惯入手会带来意想不到的效果。

# 选择越多越好吗

有一年"五一"假期，我约一个朋友来玩，想两家人一起聚聚，但遗憾的是朋友家的小孩子整个假期都安排了课外班。当朋友把孩子的日程安排发过来时，我心想，现在的孩子太不容易了！望子成龙、望女成凤是每个家长的愿望，所以面对众多的选择时，人们总是想着尽可能让孩子都试试，万一他要是在某个方面有特长，耽误了就可惜了。因为人们这样的心理，课外班蓬勃发展，孩子和家长也越来越忙，但选择多了真的好吗？

这样的例子其实还有很多。之前买东西，小到柴米油盐酱醋茶，大到 3C 产品，选择有限，再加上商场放置货架的地方也有限，我们可以比较的选项并不多。现在有了淘宝、京东等电商平台，还有无数的带货平台，你想买任何东西，手机上一搜，都会给你无数的选择，屏幕似乎总也划不到尽头。这让我们有了更多选择的权利和自由，但这一定是件好事吗？

## 认知失调

我想用一个非常经典的实验来尝试回答这个问题。这个实验来自美国哥伦比亚大学的一名盲人教授希娜（Sheena）。正是她自身的特殊经历和兴趣，让她成为世界上关于"选择"这个话题的顶级专家。

这个实验是在加州的一个零售店里进行的，后来被人们称为"果酱实验"。实验者装扮成服务人员，在店里搭起了一个果酱品尝摊位，招呼路过的顾客前来随便品尝。但这里有一个巧妙的设计，就是在不同的时间段里，桌面上会摆放不同数量的果酱。在一半的时间里，桌上摆放了6种不同口味的果酱，另一半的时间里，桌上摆放了24种不同口味的果酱。然后实验者会偷偷地留在摊位周围，默默记录下从摊位边走过的顾客中，有多少人会停下来品尝果酱，又有多少人最终会购买果酱。在我告诉你结果之前，你能猜一下吗？桌上有6种或者24种果酱，哪种情况下，会有更多的人停下来品尝？哪种情况下会有更多的人购买？

数据显示，当桌上有24种选择的时候，路过的顾客中有60%的人来到了桌前，品尝果酱；但当桌上有6种选择的时候，只有40%的顾客在桌前停住了脚步。可见更多的选择的确更有吸引力，想想果酱还有那么多听都没听说过的味道，人们当然想去看看，尝一下。但更大的吸引力是否代表更多的购买呢？结果并非如此。在有24种选择的时候，只有3%的顾客最终购买了一瓶果酱；但在6种选择的情况下，最终购买的比例是30%！

人们显然喜欢更多的选择，但更多的选择并没有转化成更多的购买，为什么？因为选择多了会很难比较，黑莓味道不错，樱桃味也很好，还有一个红莓加草莓味的也好吃，那到底选哪个？这时你会经历心理学里提到的一个概念——**认知失调**。认知失调指的是在**同一时间有着两种或多种相互矛盾的想法，因而产生了一种不舒服**

的心理状态。出现这种状态会导致什么样的结果呢？最常见的就是拖延选择。除非是必须要选的，否则我就放放，先不选了，以后再说，这样至少不用选完后悔，心里总是惦记着如果买了另外一个口味会怎样。除了买东西，这种认知失调还体现在我们生活的方方面面。例如，当你早上起来，想想最近要完成的一系列任务，优先做哪个呢？工作上的事情紧急，孩子的事情也很重要，自我提升也刻不容缓……算了，想不出来，还是先看会儿朋友圈吧，结果半天的时间一晃而过。

面对认知失调，还有一部分人的策略是尽可能地占上所有的选择，不让自己后悔。比如说孩子的兴趣班，我很难选择，那我干脆就全部给孩子报上，这样就能不放弃所有的机会。但是结果怎么样呢？孩子很累，家长很累，孩子还因此丧失了对学习的兴趣。

## 结语

我们的生活中充满了选择，技术的进步，信息的流动，也让我们拥有前所未有的机会去选择无限的可能。一生中一定要去的100个地方，一定要吃的1000种食物，类似的信息在给我们带来憧憬的同时，也让我们面临选择的痛苦，以及幸福感的下降。希望这一节的内容能让你对选择有新的理解，并意识到那句老人经常提醒我们的话——"凡事适度"是有道理的。

读到这里，我想问问你，选择过多曾经带给你哪些烦恼？如果它曾经带给你烦恼，如何设计生活中的选择来让自己和他人感觉更好？期待聪明的你带给我一些新鲜的答案。

## 行为小锦囊

我们总希望不要关掉任何一扇门，认为选择多，机会大；但是越来越多的研究证明，少才是真的多，控制选择的数量能真正帮助我们拥有更好的人生。那如何应用这个原理，让我们做出更好的决策呢？我给你提几点建议：

**首先，要聚焦，勇敢地去掉不必要的选项。**这里我用了"勇敢"这个词，是因为主动放弃一些机会非常需要勇气。在商学院，大家经常讨论的一个词是"战略"。其实战略讲的不仅是你要做什么，更重要的，也更难的是你不做什么。能聚焦，实际上就是帮你减少选择的范围，这样选择会相对容易，决策质量会提高，而且你也能把有限的精力花在最重要的决策上。所以，如果你还在考虑是否给孩子报第四个兴趣班，或许你可以和孩子一起分析一下，他最擅长什么，然后缩减到那一两项上；如果你发现每天有无数的事情从四面八方争夺你的精力，或许你应该每天早上把当天最重要的一到两件事写下来，然后集中精力做完它，之后所有的事情都是额外的收获，这样你会在一天结束的时候有更大的成就感；如果你还在考虑在现有的产品上再加上哪些功能以更好地吸引消费者，或许你应该学学苹果、小米，让界面尽可能简单而不是复杂，因为这样会简化选择，增强体验。

**其次，通过分类简化选择。**如果你一定要展示更多的选项，以满足不同人的需求，或者自己不同时间的需求，你可以考虑用分类的方法简化选择的过程。同样多的选择如果同时摆放出来，会让人眼花缭乱，无从下手，认知失调会促使大部分人放弃选择。但如果你从大的分类开始，一步步递进，把选项有序地展示给大家，就会让选择不那么困难。比如销售保险产品，通常的做法是先展示出大的保险类别，如车险、寿险等，然后等顾客点进一个类别后，再展示下一层的选择。

**最后，对于某些决策，学会把选择权留给专家。**我的事情我做主，这可能是大部分现代人，尤其是年轻人的想法。但有时自己做的选择未必能让你更幸福。之前我读过一篇让我很有触动的文章，内容是我在伦敦商学院的一位同事做的研究。他们研究当人们面临极其重要但非常痛苦的选择的时候，做出选择的主体不同，给人们带来的情绪影响有什么不同。这里的研究对象是那些很不幸的父母，他们的婴儿处在死亡的边缘，更多的治疗不会带来改变，最终这些婴儿的生命支持系统将被人为终止。被采访的家长来自两个国家，美国和法国。在美国，终止治疗这个决定是父母做的，因为美国的文化倡导选择的权利和自由。而在法国，这个决定是医生做的，家长被默认会接受医生的决定。同样是非常痛苦的结果，但两边的父母是否会有不同的情绪反应呢？采访的结果发现的确如此。法国父母所表现出来的悲伤和痛苦要明显小于美国的父母。法国父母会觉得自己当时是勇敢的，而且鼓励自己要接受现实。同时他们也会提到孩子在有限的时间里给他们带来的快乐以及他们从中学到的东西。相反，美国父母会时常表现出愤怒以及负罪感，他们会说"如果我当时没选择终止治疗会怎么样？我感觉我给我的孩子实施了死刑"。这些美国父母的主动选择，虽然是他们自己想做的，却带来了更多的负面影响。这也让我们认识到，并不是所有的选择都适合我们自己做出。

# 为什么放弃所拥有的如此困难

每年换季的时候，我都会对衣柜里的衣服进行清理。每次清理的时候，我都会惊奇地发现，我的衣物已经不知不觉堆积成山。有的已经不适合我现在的身材；有的买来时觉得很好看，但是从来没有穿过；有的已经有了一些污渍，无法完全洗掉。但是即使衣柜已经全部塞满，占据了很多无效空间，我还是固执地留着它们。每次想要处理掉那些不合适的衣物时，我都会想起它们的优点，这让我难以放弃。你是否也有过同样的感受，感觉自己拥有的东西无比珍贵，即使后面再也用不上？如果是这样，那么我们一起来了解一下它背后的原因——**所有权依恋症**。

## 所有权依恋症

**所有权依恋症**这个词语是理查德·塞勒（Richard Thaler）教授最早提出的。他是美国芝加哥大学经济学教授，同时也是 2017 年诺贝尔经济学奖的获奖者。他是一个很有趣的人，虽然接受传统经济学的培训，但很喜欢收集一些传统经济学无法解释的现象，并对其进行研究。关于所有权依恋症的研究就起源于一个他观察到的现象。塞勒教授还在读博士的时候，有位老师很喜欢红酒，并在早年收集了一些红酒，大概每瓶 40 元。过了几年之后，这种酒在市场上可以卖到 500 元一瓶，涨了十几倍，可是这位老师并不愿意卖。但是对于同等质量、同样年份的红酒，他也不愿意以超过 150 元的价格再买一瓶。从这位教授的角度来看：同样一瓶酒，我最多愿意付 150 元去买；但如果这瓶酒是我的，我至少要 500 元才肯卖。这是不是有点儿奇怪？这个现象也让塞勒教授觉得无法用传统经济学理论来解释。按照传统经济学的价值理论，一瓶酒的价值是稳定的，不会因为我是不是拥有它而改变价格。但这个例子体现出来的恰恰相反。**它说明，一个物品的价值，会因为所有权而发生变化。当你拥有它的时候，你会高估它的价值并给予高定价。这种现象就是行为心理学里提到的"所有权依恋症"。**

这样的现象在生活中随处可见。一场万众瞩目的体育比赛，你可能最多愿意花 500 元去买一张现场票，但如果要卖出你手里的票，可能你的要价至少是 3 倍；买一只宠物猫，你最多愿意花 1000 元，但之后如果有人想花 2000 元买你这只猫，你会接受吗？如果你也养猫，我相信你大概率会拒绝。值得一提的是，对于所有权的依恋并不仅仅限于物品，我们对于自己的想法也同样会产生依恋。这里有一个潜在的隐患，就是我们会变得固执，很难听取批评的声音，而且你越成功、地位越高，对自己想法的依恋症也会越明显。

## 为什么存在所有权依恋症

为什么会出现"所有权依恋症"？为什么同样一个物品，一旦拥有，你就会高估它的价值？这同样是因为厌恶损失。交易中涉及买卖双方，而双方的出发点不一样。对于卖家，也就是拥有者，关注的是失去所拥有的东西的痛苦，而买家关注的是得到它的快乐。行为心理学家发现人对得到与失去的敏感度是不同的。同样一个物品，失去它所带来的痛苦要大于得到它所带来的快乐，而这个比例至少是两倍。这也就能解释为什么对于同一个物品，卖家要的价钱要远高于买家愿意出的价格。

你也许会说，好像这个所有权依恋症并不是所有场景都适用。我们去商场买衣服，超市买牛奶，卖家并没有表现出失去的痛苦，事实上他们很开心能多卖点。同样，前不久我还把一些孩子看过的书送给了邻居家的小朋友，不但没有任何痛苦，反而觉得很开心！如果你想到这些，那说明你很敏锐，发现了**所有权依恋症的适用范围**。所有权依恋症主要体现在我们不仅拥有，而且会自己使用或者正在享受的物品上，比如前面提到的红酒、演唱会的门票、宠物等。对于这样的物品，所有权会让你高估它的价值。但是对于本来就是用来交易的物品（就好比商场里出售的产品）或者已经不需要的物品，这个现象并不存在。

这个现象适用的范畴是不是很有限，对我们其实影响不大。接下来，**我将给你介绍这个现象引申出的几个重要表现，以及它们对我们生活的影响。**

**首先，一样东西越是来之不易，我们对它的依恋也会越大。**换句话说，你一旦拥有一样东西，就会高估它的价值。而如果这件东西是你经过辛苦的付出才得到的，那你会格外珍惜，也更加舍不得失去。

举个例子，我刚到美国读书的时候，几乎所有的家具都是二手的，唯一的新家具是从宜家买的一个需要自己组装的书架。买回家后，我和我先生一起，按照说明书一步一步地把它组装起来，虽然看着不难，其实把每一步都做对并不容易。到最后，我们还是把最下层的一个板面装反了，但并不影响使用，只是把粗糙的一面留在了外面，看上去有点不好看。我们犹豫了一下要不要返工，最后决定还是算了。尽管如此，我们还是非常开心，对于这个自己搭起来的书架颇为自豪。现在想想那已经是将近 20 年前的事情了。之后我们搬过好几次家，但这个书架一直跟着我们，现在还在孩子屋里，前不久坏了还请师傅来修了一下。我想这样的经历你一定不会陌生。我们之所以对这个书架情有独钟，是因为它是我们通过努力组装起来的。虽然它不完美，也早就过时了，但我们依旧舍不得丢弃。

看到这里，你会不会受到启发？如果你想让自己或者别人在乎和珍惜一样东西，就不要让它来得太容易。通过努力付出后得到的东西，我们会觉得更有价值。这也就是为什么做一项有挑战的工作，虽然压力大，但是完成之后会给你带来更大的成就感。在家庭关系中也是如此，很多家庭经常会问"爸爸去哪了"，那么如何能让爸爸与孩子建立起更深的感情呢？一个好的办法就是鼓励爸爸多参与到孩子的养育当中，给孩子换尿不湿，陪孩子骑车、踢球，和孩子一起吃晚饭，聊聊一天中发生的事情。这些固然花时间、占精力，但它带来的父子感情是金钱无法衡量的。

其次，**我们不仅会对已经拥有的东西产生依恋，对于还没有拥有但感觉上已经拥有的东西，也会产生依恋**。这个现象，我们把它叫作"虚拟所有权依恋症"。

曾经有这样一家油画租赁公司，你可以花少量的钱成为会员，然后租一幅油画挂在家中。过一段时间后，你需要把它还回去，然后换租另外一幅。当然，你也可以不还，把它买下来。后来发生了什么？这家公司发现有不少顾客会在租赁到期的时候决定把画买下来，而且还不怎么讨价还价！为什么？因为他们觉得，这幅画在我家墙上挂了一个月了，越看越好看，已经成为屋子的一部分，舍不得拿走了。这种感觉上的拥有，同样会让人产生很大的依恋，让你甚至对价格都没有那么敏感了，而是想赶紧买下来，变成真正的拥有。由此，你就会明白为什么卖房子的地方一定要有样板房，为什么健身房会让你先免费体验，然后再决定是否购买。当然，从反面来看，如果你想在购物中更加理性，当觉得非买不可的时候，你要问问自己：是不是这种虚拟的拥有感让我有了虚拟所有权依恋症？我真的那么喜欢它吗？

**最后，当我们高估一件物品的价值的时候，并没有意识到是所有权依恋症在起作用。**很多时候你觉得其他人会和你有一样的判断，认为酒买得太值了，工作意义非凡，自己的孩子聪明绝顶。但别人因为并未拥有这些，对这些事件的评价视角与你截然不同——他们更容易看到不好的一面。

回到刚才书架的那个例子，因为它是我组装的，所以我就格外喜欢，也会更多关注它好的一面。即使这个书架底层都装反了，但我看到的是它简约大气的设计。但对于别人就不同了，他们可能一眼就会注意到装反的那一面，于是估低这个书架的价值。这中间的差异也就可以解释为什么一开始卖方的要价通常要高于买方愿意出的价钱。这也同样可以解释为什么你对朋友圈里朋友晒出的他们的孩子，会有完全不同的看法。

# 结语

　　所有权依恋症是一个很有意思的行为心理学现象。它让我们意识到：一件物品、一个想法，当它成为我的所有物的时候，我会高估它的价值，因为我害怕失去它。了解了这个现象，我们能够思考如何积极地应用它，让自己以及他人接受有挑战的事情，并从中获得更大的收获；但同时我们也应该有所警惕，不要因对所有权的过度依恋而限制提高的空间。

　　到这里，本书的第一章结束。

　　在这一部分，我和你分享了情绪对决策的影响。我们会被新鲜和触发情绪的信息所吸引，所以谣言往往比真实的信息更能像病毒一样迅速传播；冷热共情差距提醒我们，在冷静的时候人们很难预测自己处在情绪激动时候的表现；再者，因为我们对"失去"比对"获得"要更加敏感，也会墨守成规、选择困难、出现所有权依恋症等。我们大脑中系统1的影响无处不在，而系统1决策的一个重要特征是：跟着感觉走。这些正是影响我们决策和判断的重要因素。只有认识到这些偏差，我们才能做出更好的决策。

系统 1 做决策时有一个捷径——运用启发式来做决策，即根据有限的知识以及以往的经验，在短时间内对当前问题做出判断。通过启发式来做决策，有利于我们快速做出决策。这在大部分情形下非常有效，但在某些特定情况下，也会产生系统的偏差。

　　行为心理学揭示了一系列影响我们决策的启发式，其中最为常见的有三类，分别是可得性启发式、代表性启发式以及锚定和调整启发式。

第二章

懒惰的大脑

# 丈夫和妻子，谁的贡献更大

从这一节开始，我将带你进入本书的第二章，介绍系统 1 做决策的另一个重要特征——**运用启发式来做决策**。启发式听起来有些奇怪，它指的是：**我们根据有限的知识以及以往的经验，在短时间内对当前问题做出判断的一种思维方法。**你可以把它想成一系列的思维捷径。这种通过启发式来做决策的过程，有利于我们做出快速的决策，在大部分情形下都非常有效。但在某些特定情况下，因为我们以往的经验与当前的情况貌似相同，但是实际上有很大区别，所以采用启发式也会产生系统的偏差。

行为心理学揭示了一系列影响我们决策的启发式，其中最为常见的有三类，分别是**可得性启发式、代表性启发式以及锚定和调整启发式**。我会通过一系列有意思的例子分别介绍这三种重要的启发式。

## 可得性启发式

让我们先从一个问题开始：

请你猜一下全世界范围内，每年死于自杀的人多还是死于他杀的人多？你觉得这个比例大概是多少？

我猜你很可能会说死于他杀的人要远多于自杀的人，对吗？如果是这样，你的猜想和大部分人是一样的。但很遗憾，真实的情况恰恰相反。

我能查到的官方数据显示，在 2017 年，全世界范围内因自杀导致的死亡人数约 79 万，因他杀死亡的人数为 40 万。所以自杀导致的死亡人数几乎是他杀的两倍！事实上，从 1990 年到 2017 年，每一年自杀致死人数都要远大于他杀致死人数。你也许会问，中国的情况如何？数据显示，中国的状况和世界整体趋势完全一致，同样是自杀比他杀造成更多的死亡，而且年年如此。

那为什么大部分人会认为他杀导致的死亡人数更多？在思考这个问题的过程中，你会在大脑中回忆之前听说过的他杀以及自杀的案例。由于他杀被媒体曝光的频率要远远高于自杀，所以你会更容易地想到他杀的例子。而这种容易想到的感觉，会被误认为是因为他杀发生的频率高，所以你会做出他杀比自杀造成的死亡人数更多的判断。

这样的例子还有很多。比如，是飞机失事的概率更高还是火车失事的概率更高？你可能会脱口而出：肯定是飞机失事概率高啊！可是现实是火车失事概率要远高于飞机。为什么你会做出错误的估计呢？这是因为飞机一旦失事，场面会十分恐怖，而且各大媒体都会争先恐后地报道。这些都会给你留下深刻的印象，在之后很容易想起，而这种容易想起的感觉会让你高估类似事故的发生频率。

上面例子中所体现的现象就是行为心理学里提到的"可得性启发式"。它指的是：**我们用能想到相关例子的容易程度来判断这类事件的发生频率**。换句话说，我们会不自觉地将一个复杂的问题替换成一个简单的问题。例如，判断自杀的频率很困难，但我们的大脑偷偷将它换成了一个简单的问题，那就是：我是否能轻松地想到自杀的案例？如果能，那么自杀发生的频率就高；如果不能，自杀发生的频率就低。其实，这个判断方法是有一定道理的。因为很多时候，如果一件事情经常发生，我们也就更有可能了解它的信息，从而更容易想到它。在日常生活中，采用可得性启发式很多时候确实能帮助我们节约一些思考的时间，让我们做出又快又好的判断。

但是，在使用这一思维捷径的时候，我们常常忽略一个现实：除了发生的次数多少，还有很多其他的因素也会影响到我们是否能够很容易地想到这些信息，因此我们通过这种方式判断事件发生频率的时候，难免会有偏差。

**哪些因素会影响事件的可得性，也就是想到它的容易程度呢？**

这里大概有三类因素：

**第一类因素是事件本身的显著性。**在之前的课程中，我们讲过人们天生会更关注某些类别的信息，例如政客绯闻、飞机失事、恐怖事件等，这些事件能给人带来极大的情感冲击，媒体也特别喜欢大力宣传。因此这些信息也非常容易像病毒一样被快速传播，我们会很容易记住并且想到它们。

**第二类因素是事件和自己的相关度。**一般来说，和自己相关的事件会更容易被我们想起。比如，如果我身边有过自杀的朋友，那我可能会高估人类自杀的比例，因为这样的实例对我而言相关性很强，很容易想到。

最后一类因素，也是比较有意思的一类因素，是我们被要求回忆的相关事件的数量。这是什么意思呢？研究人员做过一个有意思的实验。他们招募了一些学生，让学生们列出一些会增加自己将来得心脏病风险的因素，比如生活习惯、性格等。最有趣的是，其中一半学生被要求写出 3 个导致心脏病的因素，而另一半学生被要求写下 8 个因素。列举完之后，每个学生都预测了一下自己将来有多大可能会患上心脏病。这两种情况下，请你猜一猜，哪组人会觉得自己将来得心脏病的风险更大？结果可能会让你意外，写下 3 个因素的那组人认为自己未来得心脏病的风险要更大！为什么？这里恰恰是可得性启发式在起作用。写下 3 个致病因素是件比较容易的事情，而这种容易的感觉会让你觉得自己的风险很大。（我这么轻松就想到了 3 个和我相关的因素，看来我得心脏病的风险不小呀！）相反，要写出 8 个致病因素则比较困难，甚至写到五六个以后就想不出来了，这种绞尽脑汁的感觉会让你觉得自己其实没那么大风险。当然，这样的结论还在一系列其他的情境中得到了证实。比如，让你写下两个喜欢宝马车的原因和写下 8 个喜欢宝马车的原因，然后让你对宝马车进行评价，哪种情况下你会对它评价更高呢？聪明的你肯定马上能够回答出：写下两个喜欢的原因——这让我感觉，列出宝马车的优点很容易，所以触发可得性启发式，我对它的评价肯定很高！

综合上面这三类因素，我们会发现，这些因素本身并不会影响到事情的发生概率或者好坏，但是会影响我们想到相关例子的难易程度，因而让我们在使用可得性启发式时，对一些事件的发生频率或者好坏产生了错误的判断。

当我们了解了可得性启发式的局限性之后，下一个重要的问题就是：**人们一般什么时候会用到这个思维捷径呢？**

大量的数据证明，人们在精力有限的时候，比如说你累了的时候会用到它；还有一种情景是比较开心的时候，也会用到可得性启发式。因为开心的时候，人们会更加相信自己的感觉。最后，还有一种很有意思的情况，就是当你觉得自己有权力的时候。当觉得自己高人一等，手握大权的时候，你更容易轻信自己的直觉。

那什么时候我们会比较少地受可得性启发式的影响呢？可得性启发式本质上其实就是系统1的思维方式。而过去的研究告诉我们，如果面临的决策很重要，或者决策与你相关性更大时，系统2就会被调动起来，因而可以扭转系统1做出的判断。比如说在那个得心脏病的实验里，研究者发现那些有心脏病家族史的学生被要求写下8个因素的时候，因为他们本身对心脏病的了解更多，系统2会让他们更加用心地思考各种风险因素，从而意识到导致自己未来得心脏病的因素确实很多，因此认为自己将来得心脏病的风险会更大。

# 结语

在这一节里，我和大家分享的是行为心理学里常见的启发式，叫可得性启发式。我们往往会依赖想到类似事件的容易程度来判断事件发生的频率，或者事情的好坏。容易想到的事件，会让我们觉得可得性很高，这种轻松的感觉容易让我们得出该事件发生的频率更高的结果。系统1此时正在发挥偷懒的特性，用一个简单的问题（是否容易想到某类事件）来代替一个复杂的问题（这类事件发生的频率有多大）。了解了这个特点，你会明白：对于重要的决策，我们不能轻信这种容易可得的感觉。对于团队合作，我们也要警惕：因为可得性启发式，我们很可能会高估自己的贡献，影响团队的和谐。

读到这里，请你想一想：你有没有这样的经历，根据可得性启发式做出判断，后来证明与真相相差甚远？在了解了它的局限之后，你想做出哪些改变呢？期待聪明的你找到更明智的解决方案。

## 行为小锦囊

可得性启发式虽然可以简化判断，但是有时候会带来一些判断的错误。什么时候我们应该格外小心它的影响呢？

首先，对于重要的决策，在做出最终判断之前停下来，问问自己：我的判断到底是因为相关事件在我头脑里凸显出来，让我很容易想到它们，还是因为它在现实中出现的频率的确很高？就像我们之前提到的，启动你的系统 2，它会让你更加关注真实的情况。

其次，要特别注意涉及与他人合作的情况。比如团队合作与夫妻之间的合作。心理学家曾经找了 37 对夫妻，让丈夫和妻子分别独立完成 20 道题目。这 20 道题目涉及家庭中的一系列责任，比如打扫卫生、买菜、做饭、照顾孩子、和亲戚保持联系等。对于每一项责任，丈夫和妻子都需要单独标出自己做出的贡献。问题是，丈夫和妻子对每一道题目的判断，加起来会等于 100 吗？如果你已经成家，你肯定能猜出答案。对于绝大部分题目，夫妻各自认为自己承担的责任加起来都大于 100！这说明我们总是更容易想到自己做出贡献的例子，这种可得性会让我们高估自己的贡献，低估对方的贡献，产生怨怼的情绪。夫妻如此，团队合作又何尝不是如此？这给我们的启示是，无论在夫妻关系中，还是其他的团队合作中，不要只是站在自己的视角看问题，放大自己贡献的可得性。我们需要换位思考，合作才能更加和谐有效。

# 连赌 5 把都输了，第 6 把会赢吗

　　1913 年的一个晚上，在美国拉斯维加斯的一个赌场里，有不少人都在玩轮盘赌。这是赌场里一种很常见的游戏，就是一个轮盘被分为 36 个区域，每个区域有一个号码，其中一半的区域是红色的，另一半是黑色的。最简单的玩法是赌颜色，也就是猜一个随机转动的小球最终会停在红色的区域里，还是黑色的区域里。那天晚上，在这样一个轮盘上，黑色连续出现，5 次，6 次，一直都是黑色。如果是你，下一局你赌什么颜色？红色？很多人都这么想，于是越来越多的人下注红色，而且不断加注筹码，15 次，16 次，依然每次都是黑色。这时现场已经沸腾了，你能想到最终的结果吗？黑色创纪录地连续出现了 26 次！在这样一个神奇的夜晚，不少人输得一塌糊涂。

　　请你想一想，在黑色连续出现的情况下，为什么你会想赌红色呢？相信你和大多数人一样，认为一个随机转动的球落在轮盘上黑色和红色区域的概率应该分别接近 50%。所以下次会停在什么颜色上，你会根据之前出现颜色的频率来做判断。如果黑色已经出现了5 次，根据 50% 的概率，你肯定会觉得下一次出现红色的概率很大。

当然，如果黑色连续出现 10 次，你押注红色的信心也会更大。这里所体现的就是大脑偷懒的第二种方式——**"代表性启发式"**，即**对于不确定的事件，我们会把它和我们既定的想法相比较，通过相似的程度来判断当前事件发生的概率**。回到轮盘赌这个例子，我们对于随机的看法是黑、红两种颜色会轮流出现，所以如果黑色已经连续出现了 5 次，那根据随机性，下一次出现的颜色大概率是红色。同样的道理，如果我和你玩抛硬币游戏，连续 5 次出现了正面，你可能会猜下一次应该是反面。这就是"代表性启发式"在起作用。

# 代表性启发式

为了对代表性启发式有更深入的了解，让我们看看它首次展现在大家面前的例子。这个实验发生在 1973 年，我们姑且叫它"汤姆实验"。研究者给一所大学的学生描述了这所大学里一位叫汤姆的学生的特点，然后请他们判断他最有可能是什么专业的学生。我在这里也重现一下这个实验：

> 汤姆智商很高，但是缺乏真正的创造力。他喜欢简单有序的生活、干净整洁的环境。他写的文章比较枯燥，但有时也会用一些双关语和科学幻想。他的竞争心很强。他不关心别人，缺乏同理心，也不喜欢和他人交往。虽然他总是以自我为中心，但他有很强的道德感。

在听完上述的描述后，你觉得汤姆最可能是什么专业呢？这里有 9 个选项，分别是工商管理、计算机、工程、人文与教育、法律、医学、图书馆学、物理与生命科学、社会学。你会选择哪个专业呢？是不是最有可能选计算机或者工程专业？你的判断和绝大部分人的选择非常相似。为什么？如果你回想一下做判断的过程，估计会觉得对于汤姆的描述和你心里典型的理工科学生的形象非常吻合：有点像书呆子，守规矩，不喜欢和人打交道，等等。所以你立即断定汤姆应该是计算机或工程专业的学生。换句话说，判断汤姆有多大可能性是某一专业的学生，这是一个相对比较困难的问题。但我们把它换成了一个简单的问题，就是汤姆在多大程度上和一个典型的特定学科的学生相似，通过相似性（或者代表性）来判断当前事件的可能性，这就是代表性启发式。

**用代表性启发式来判断事件发生的可能性有很明显的优势。**以此为据做判断很快，而且在很多场景中，它所带来的判断也是正确的。比如，身材又高又瘦的运动员很有可能是长跑运动员而不是举重选手，受过高等教育的人比小学没有毕业的人更有可能找到高收入的工作，等等。**但是，另外一些时候，这种启发式也会带来错误的判断，因为我们会忽略一些重要的信息。**

**第一类我们容易忽略的是基础概率。**什么是基础概率呢？回到汤姆的专业那个例子，基础概率就是，在汤姆所在的学校里，所有的学生不同专业的占比。事实上，在汤姆所在的学校，人文与教育、社会科学等专业的学生占比要远高于计算机和工程专业。所以，从基础概率来看，汤姆是人文与教育专业和社会科学专业的概率要大于他是理工专业的概率。当我们采用代表性启发式时，我们采用的就是系统 1，它会忽略基本的统计知识，不考虑基础概率，从而导致判断的偏差。如果你开动系统2，考虑到各个专业的基础概率，你会做出更加理性的判断：在这所大学，任何一个学生，包括汤姆，学习计算机和工程的可能性并不会很高。

**第二类我们容易忽略的是样本的大小。**这一点在轮盘赌的例子中尤为明显。我们心里认为的随机属性，可能是"黑红黑红红黑"，也可能是"红红黑黑红黑"，或者其他的组合，总之我们认为在一个序列中出现黑色的比例应该是50%。但这个判断与样本量的大小有关。所谓随机，指的是一件事情的发生在统计学上对另一件事情的发生没有任何影响。随机事件是不可预测的，也就是说不管黑色连续出现了多少次，下一次出现黑色的概率还是50%。如果样本足够大，比如我们观察轮盘转上千次、上万次，其间出现黑色和红色的比例会各接近一半。但对于一个小的样本，就像我们看到了5次，10次，甚至50次，则什么样的组合都是可能的，即使全部是黑色也很正常。但因为人们通常会忽略样本大小的影响，认为小样本也有大样本的属性，所以觉得连续出现10次黑色不可思议。

**第三类我们容易忽略的是信息的质量是否客观、全面。**当听到关于汤姆的描述的时候，你会默认它是全面、真实的，并因此产生联想，觉得这就是一个典型的理工科学生。但你没有考虑的是，这个描述是否真实、全面。这是一个人对汤姆的看法，还是很多人的综合评价？假如我们短时间内看到一个人表情自信、说话果断，就判断他是一位领导，结果有可能大相径庭，因为，善于欺骗的人短时间内也可以表现出相同的特征。

# 结语

在这一节里，我分享的是人们做决策时经常使用的第二种启发式——代表性启发式。当我们想要判断一个事件发生的概率时，我们会把这个事件和头脑中类似事件的典型特征进行比较。相似度越高，我们判断其发生的概率也就会越大。这个方法虽然在很多场景下都很有效，但也会给我们带来系统的偏差。所以希望你从今天开始，在做判断的时候，想一下基础概率，不要过分相信小样本的结论，而且，要学会质疑接收到的信息。

读到这里，请你想一想：你有没有这样的经历，根据代表性启发式做出判断，后来证明与真相相差甚远？在了解了它的局限之后，你想做出哪些改变呢？

## 行为小锦囊

由此可见，代表性启发式在很多时候能帮助我们做出快捷有效的决策，但在另一些时候也会让我们的决策出现系统的偏差。

我们能做些什么，可以尽量避免它所带来的错误判断呢？

**首先，在做出判断之前，先考虑一下某一事件发生的基础概率。**汤姆是什么专业的？我的孩子考上清华大学的可能性有多大？这对新婚夫妇将来有多大可能性会离婚？虽然在每个问题里，我们都会得到一些信息，但这些信息往往是不充分的，那就应该首先考虑基础概率——大学里各个专业的学生比例有多大，清华大学的基础录取率，以及近期的离婚率有多高？然后在此基础上，根据你掌握的信息做些微调。但这种调整大部分时候不应该太大，因为大部分人都不会偏离基础概率太多。

**其次，不要基于小样本下结论。**如果你和两个某地人做生意被骗了，不要因此下定论某地人不可信。如果你在一家新开的生鲜网店里买到物美价廉的三文鱼，不要急于推荐给其他人，因为你不知道这样的质量是否能够持续。同样，如果有新闻说某个国家或地区某种疾病的治愈率是100%，不要马上竖起大拇指，因为这个地方患有该病的人可能本来就寥寥无几。

**最后，对于重要的决策，培养质疑眼前信息的习惯。**我们的系统1像个年轻天真的孩子，容易轻信，所以有必要时请调动系统2。当你调动了系统2的慢思考，你会问：这个信息属实吗？是否经得住推敲？是不是在各个场景都适用？当你不确信的时候，记得回到基础概率，这样你的判断就不会有太大偏差。

# 煎饼果子里加鸡蛋，一个还是两个

　　相信很多人都看过电视纪录片《舌尖上的中国》，我也喜欢看这档广受好评的节目。每一集，我们全家都会守在电视机旁，饶有兴趣地欣赏。其中有一集我印象很深，讲的是天津的煎饼果子，里面特别提到了一个叫杨姐的售货员。她每天早上在街口迎接排长队的新老顾客，给他们送上现做的煎饼果子。但我注意到里面的一个细节：杨姐会对每一位顾客说："加两个鸡蛋，对吧？"我相信大部分前来的顾客都会说"好"。

　　那你有没有想过，如果杨姐不这么问，而是问"加一个鸡蛋，对吗？"或者"您要不要鸡蛋？"，结果会一样吗？估计你已经猜到了，大部分顾客对于鸡蛋数量的选择会受到杨姐建议的影响。你会根据她建议的鸡蛋数量来做出你的选择。因此，在这个例子中，她成功地采用了**锚定效应**。这个"锚"字一般指船锚。锚是用来停船的器具，用铁链连在船上，把锚抛在水底，这样就可以使船停稳。锚定效应指的是什么呢？它是指通过一些方式，在你头脑里设一个像船锚一样的支点，然后影响你的判断。杨姐建议的那个数字就是一个锚点，它会直接影响你的决定。

# 锚定效应

锚定效应的全称叫"锚定和调整启发式"，与之前讲到的另外两种常用的启发式一样，是一种方便人们在不确定环境下做出判断的思维捷径。**具体而言，它是指人们在做估计的时候，会从一个起始点开始，根据需要做出必要的调整，以做出最终的判断。这个起始点，就像沉入海底的锚一样，成为你判断的起点。**

丹尼尔·卡尼曼（Daniel Kahneman）和他的合作伙伴阿莫斯·特沃斯基（Amos Tversky）是最早提出锚定和调整启发式的两位心理学家。他们的研究可以追溯到 1974 年发表在《科学》杂志上的一篇经典文章。在那篇文章中，两位作者通过一系列简单而又巧妙的实验，向人们展示了起始锚点对最终数值判断的影响。下面你会看到其中的一个经典实验。

请你估计一下，在联合国的所有成员国中，非洲国家的占比是多少？

先别着急回答，在回答这个问题之前，你需要先转一个幸运轮，轮子上有 0~100 的所有整数。等轮子停在一个数字上之后，你需要先回答：非洲国家在联合国中的占比是比这个数字高还是低？如果停在 10 上，那你要回答的问题就是非洲国家在联合国所占的比例是大于 10% 还是小于 10%。

在回答完这个问题之后，请你估计一下非洲国家的占比到底是多少。

但在这个真实的实验中，这个幸运轮其实是经过处理的，它只会随机停在 65 和 10 这两个数字上。也就是说会有一半的人被随机分配到数字 65 这一组，我们称作高锚点组；另一半的人被分配到数字 10 这一组，我们称作低锚点组。我想请你猜一猜，这两组人最后对非洲国家的占比估计会有区别吗？

结果显示，被随机分配到 65 这个数字的那组人，对非洲国家在联合国中的占比做出的平均估计是 45%。但看到数字 10 的那组人，对非洲国家占比的平均估值是 25%。45% 和 25%，这个差距非常显著！你也许会问，非洲国家在联合国成员国中的占比到底是多少？我去查了一下，1974 年联合共 138 个成员国，其中非洲国家 43 个，占比 31%。

在这个例子中，你可以看到，即使锚点跟我们关注的问题完全无关，看到高锚点的那组人最终做出的占比估计也会显著偏高。这些起始数字对我们后续的判断有着显著的影响。起始数字越高，我们后续给出的判断数字也越大。

上面的实验虽然简单，却给了我们两点非常重要的启示。

**首先，即使是与当前任务毫不相关的起始数字也可以成为有效的锚点。** 那个幸运轮上的数字和最终的判断（也就是非洲国家的占比）其实没有任何相关性，但它依旧有显著的影响。

**其次，人们会从锚点出发进行调整，但这种调整往往不够充分。** 看到 65 数字的那组人肯定会想，非洲国家不可能占到 65% 那么高，所以往下调整，最终停在 45%。但这个调整并不充分，还是高于真实的比例。同样，看到 10 的那组人也会觉得这个比例好像有点低，于是向上调整，但是也不充分，最终停在 25%，低于真实的比例。

此刻的你一定在问，为什么会这样？为什么一个不相关的数字会成为有效的锚点？而且从锚点出发的调整又往往不够充分？

我们再次回顾一下刚才那个实验。当被问到非洲国家在联合国成员国中的占比时，你可以想象一下大脑是如何运作的。

一种情况是，你是一个知识面非常广的人，本身就知道这个问题的答案，只需要从记忆中提取这个信息直接回答即可。

还有一种情况是，因为这个问题很偏，所以对于绝大部分人来说，头脑中大概率是一片空白，无从下手。怎么办？此时的你需要一根救命稻草，于是一个毫不相关的数字成了锚点。当然，你其实意识到这个锚点是有偏差的，于是你会努力做出调整。但因为你并不知道真实的数值在哪里，于是为了避免矫枉过正，你的调整往往是不充分的。

进一步来看，这个调整的过程是需要系统2参与的。它需要斟酌，需要消耗精力，如果因为一些原因，系统2没有被激活，调整会更加不充分，甚至不会发生。曾经有另外一个很有意思的测试：同样是让一些大学生做类似的锚定效应的实验，但其中一部分学生是在喝过酒之后参加测试，另一部分学生是在没有饮酒的前提下参加测试。结果发现，头脑清醒的学生做出了更多的调整，虽然还是不充分；而饮酒后的学生呈现了更为明显的锚定效应，几乎没有做出调整。

其实，锚定和调整启发式在生活中的应用非常广泛。下面我再举两个小例子，看看起始锚点如何影响我们的生活。

## 房价到底是便宜还是贵？

如果有过买房买车的经历，你肯定会对价格评价有深刻的体会。曾经有过这样一个实验，研究者让一些商学院的学生以及专业的房地产评估师分别浏览一个正在市场上出售的房子，给出估值。实验者根据市场的情况对这间房子的挂牌价进行了操纵，有些人看到的是比较高的标价，另外一些人看到的是比较低的标价。

结果如何？人们的估值非常明显地受到了房子标价的影响。那些标价高的房子会被认为更值钱，标价低的也会被低估。更重要的是，这种锚定效应不仅体现在没有经验的学生身上，还体现在专业的房地产评估师身上。但这两类人对于自己做决策的过程有着非常不同的认知。56% 的学生承认房子的标价是他们做出最终估值的一个考虑因素，而专业的房地产评估师里面只有 24% 的人承认房子标价对他们的估值产生了影响！

这个实验很有意思，它说明：第一，专家并非万能的，他们和普通人一样，会用锚定和调整启发式；第二，专家未必能意识到锚点对他们的影响，或者他们不愿意承认，于是更容易过度自信。这个话题我们在之后的内容中还会提到。

第二个小例子你在现实生活中也会经常遇到。现在很多平台提供了打赏功能，如果你对某篇专栏文章或者某个主播的内容觉得满意，可以打赏。假设其中一位主播设定的打赏金额是 10 元，读者可以调整这个数字，大于或者低于这个数字，而另一位水平相当的主播设定的打赏金额是 5 元，读者同样可以调整，那么哪位主播收入会更高呢？没错，将打赏锚点设为 10 元的那位主播收入会更高。由此可见，如何设置锚点对最终的收入至关重要。

## 结语

锚定和调整启发式在我们日常的判断中非常常见。这一节里分享的是这种启发式最基本的体现，也就是起始锚点是一个具体数字的情况。但这个锚点也可以不是数字，它还可以是一个概念、一个品牌、一个符号等。这些都有可能产生联想，并进而影响你最终的判断。

读到这里，我想问问你，除了数字锚点，你能想到非数字的锚点对你产生影响的例子吗？它产生了正面还是负面的影响呢？下一节，我会继续分享锚定和调整启发式，介绍其他类型锚点对人的影响。

# 如何能让孩子表现更好

望子成龙，望女成凤。天下的父母都希望自己的孩子能够顺利成才。关于哪些因素会影响到孩子的学习成绩，人们持有不同的观点。而 20 世纪 60 年代的一个实验，可能会给我们一些启示。

这个实验是在美国一个小学里做的，一到六年级总共 18 个班的同学都参加了这个实验。研究人员首先让所有孩子做了智力测验，然后告诉每个班的老师：根据智力测验的结果，这个班里有 20% 的学生在未来一年里会在学习成绩上有突出的进步，并把这些学生的名字告诉了老师。其实真实情况是，这 20% 的学生是随机抽选出来的。

8 个月之后，研究人员让每个孩子再次做了之前的那个智力测试，并算出他们两次成绩的差值。结果如何？虽然所有同学的成绩都有所提高，但那些被认为会有长足进步的学生，相对于其他同学，分数提高的幅度更加明显。而且这个现象在低年级中，也就是一、二年级中尤为凸显。

想想，这真是一件很神奇的事。明明是同等智商的孩子，当老师认为一部分孩子更聪明时，这些孩子过了一段时间后，的确考出了更高的分数。当然其中可能有多种原因，但最有可能的一个解释是，老师的期望值形成了一个锚点；而这个锚点也会被传递给这些孩子，让孩子有信心而且有动力向着那个方向努力。

其实这种期望值的作用体现在生活中的方方面面。当你相信你的孩子、你的同事的时候，这种期望值不仅会影响你对他们的判断，也会影响对方的行动。或许你家小孩每天早上起床上学都是件让人头疼的事，但当他被老师选中当数学课代表的时候，你会诧异地发现，他会自己上好闹钟，早早到校，去履行自己的职责。周围人的期望值，可以理解为一个锚点。它是一种建议，会引发一系列的联想，也会影响人的判断和决策。

期望值不仅可以对他人起到锚定的效应，也会影响我们自己的行为和判断。对自己积极的锚定很多时候会给我们带来正面的效果。当你相信自己的时候，你会更有动力，也更有可能成功。有时候，品牌也会成为锚点，影响我们的判断。比如，当你是某一品牌的粉丝时，即使它的实际产品质量和其他品牌一样，你也会感觉它的质量更好。

# 女生一定数学不好吗

锚定效应有时会有激励的作用，但有时也会带来负面的影响，比如偏见对我们的影响。下面我将从大家非常熟悉的例子出发，带你了解偏见的深远影响。

首先思考一下，你觉得女生的数学好，还是男生的数学好？你觉得亚洲人的数学好，还是西方人的数学好？我相信在大部分人心里都存在着两种偏见，那就是：女生的数学不如男生好；亚洲人的数学比西方人好！

心理学家利用人们心里普遍存在的这两种偏见，做了一个非常聪明的实验。他们找到了一些在美国读书的亚洲女性，这些人身上同时具备两种属性：亚洲人和女性。研究人员把这些学生随机分成了三组，并让她们做一个同样的数学测试。但在做测试之前，每组学生回答了一些不一样的问题。

在第一组中，学生回答了一些和她们的性别相关的问题，比如：你是否住校？你所在的楼层是只有女生宿舍，还是既有女生宿舍也有男生宿舍？你倾向于哪种安排，为什么？

在第二组中，学生回答了一些和她们的亚洲人属性相关的问题，比如：你们的父母或爷爷、奶奶在家说什么语言？你除了英语还会什么语言？你在家里说什么语言？你的家族在美国已经经历了几代人？

前两组，研究人员叫它们实验组，因为研究人员主动在这些学生心里激活了某种属性，女性或者亚洲人。第三组是所谓的控制组，学生回答了一些和这两个属性都不相关的简单问题，比如她们对学校的满意程度等。换句话说，在控制组中，研究人员没有让她们主动想起女性或者亚洲人这些属性。

在回答完这些问题后，所有学生都做了限时 20 分钟的数学测试，然后研究人员对三组人的成绩进行了对比。结果如何呢？这些被提示是女性的学生，她们数学测试的正确率是 43%，也是三组中最低的。控制组的正确率是 49%。被提示是亚洲人的学生完成测试的正确率是 54%，比被提示是女性的学生高 11%。

可见，当我们觉得自己不行的时候，我们真的就不行了。这里或许是因为紧张，或许是因为不够尽力，但不管是什么原因，这个实验都较好地证明了，带有偏见的锚点会对人产生负面的行为影响。

## 结语

看到这里，你已经掌握了心理学中最经典的三种启发式：根据想到相关例子的容易程度来判断事件发生频率的可得性启发式，根据相似程度来判断当前事件发生概率的代表性启发式，以及根据当前锚点数值或期望值来做出判断和决策的锚定和调整启发式。这些启发式主要通过系统1来实现，能让我们在快速不费力的情况下做出绝大部分决策。但这些启发式也会在某些情况下产生系统的偏差，所以对于重要的决策，我们需要调动系统2的力量。系统2能够让我们更多地开启理性思考，虽然并不能保证一定会产生正确的决策，但它会让我们警惕，减少犯明显错误的概率。

读到这里，你能想到锚定和调整启发式在你的生活和工作中的应用吗？它们产生了哪些影响？当你了解这些启发式后，你有什么新的思考？期待聪明的你找到答案。

## 行为小锦囊

在这两节里，我们学习了行为心理学里三个最基本的启发式之一：锚定和调整启发式。我之所以花这么多的篇幅去解释它，是因为它无所不在，对我们的判断和行为有着重要的影响。简单而言，锚定和调整启发式指的是我们最先获得的信息会成为锚点，从而变成我们做决策的起始点。之后我们会依据锚点做出一些调整，形成最终的判断。当然，这里有几点需要强调：

1. **这个锚点可以是数字，比如商家建议的价格；也可以是非数字的信息、概念或者想法，比如女生用品的概念，比如品牌。**这些锚点会成为依据，从而影响后续的判断。

2. **锚定和调整启发式中的调整这一步并不是一定会出现的。**因为调整是系统 2 的工作，需要付出思考和努力。而人们很多时候并不愿意采用系统 2，或者是因为你认为问题不重要，或者是你不愿意劳神费力，因而可能根本就不会对从锚点得出的判断进行调整。即使你采用了系统 2，一个普遍的现象是，你很有可能调整不充分，导致最后的判断偏向锚点。

3. **很多时候锚定效应是发生在我们意识之外的。**比如说女生数学不好这一偏见的影响，很多时候其实你并没有意识到。对于这些负面的影响，虽然不可能杜绝，但你可以尝试一些方法，争取尽量避免。如果知道有些信息会对你的判断形成不利的影响，你就可以考虑采取一些方法，甚至是一些创新的手段，来回避这样的锚点。

同样是评判作业，如果学生的姓名会让你产生先入为主的印象，是否可以考虑不写姓名，只写学号？如果一个人的性别、相貌会让我们形成不客观的判断，也可以考虑如何淡化这些因素的影响。不知道你是不是看过《中国好声音》这个选秀节目。节目中转椅子这个环节的设置，使导师对选手的判断不会受到相貌等锚点的影响，于是那些真正有好声音的选手也就能够脱颖而出。

4. 通过理解锚定和调整启发式的原理，我们可以合理地运用它，从而影响他人或自己做出更好的决策和改变。比如在谈判的过程中，通过设立合理的锚点，达到好的结果；再比如给自己或者他人树立合理的目标，从而更好地调动积极性。给孩子设立合理的阶段性目标，给员工设定清晰的职业发展路径，类似这些锚点的设立，可以形成有效的激励，正向推动人们的行为。

# 夜灯会导致近视吗

也许你听说过《自然》这本学术期刊，它是一份世界顶级的科学研究期刊，它所发表的每篇文章都会被广泛传播，也会产生世界范围的影响。在 1999 年的一期中，它发表了一篇关于夜灯是否会导致孩子近视的文章。这篇文章的作者调研了将近 500 位家长，他们的孩子当时的平均年龄是 8 岁。在调研中他们收集了一系列信息，主要包括孩子目前是否近视，以及在两岁之前晚上睡觉时屋里是否有夜灯等信息。结果发现，在用夜灯的家庭中，孩子近视眼的比例明显更高。作者也因此声称，夜灯很有可能是导致青少年近视的重要原因。文章一发表就迅速引起媒体极大的兴趣，各种评论瞬间涌现，建议让婴儿在黑暗中睡觉。听到这里，你怎么想？如果你家里恰好有婴儿，你会马上把夜灯收起来吗？

先不用着急，听我给你讲完后面发生的事情。

过了一年，也就是 2000 年，《自然》杂志发表了另外两篇文章，分别是两组研究人员对同一问题进行的研究。结果发现，之前的结论并没有得到复制。其中一项研究调研了 1200 多位家长，而且这些家长来自不同的文化背景，他们的孩子的平均年龄是 10 岁。在这个样本更大的数据中，研究人员发现在婴儿阶段用夜灯和不用夜灯的家庭中，孩子近视的比例没有区别！也就是说，夜灯的使用并不会增加孩子变近视的可能。这个结论与之前的结论截然相反。

但更有价值的信息是，在这两个新的研究中，研究人员发现有另外一个变量和夜灯的使用频率以及孩子是否近视关系更加紧密，你能想到是什么吗？

是父母是否近视！父母如果近视，会更有可能使用夜灯。原因很好理解，因为近视眼晚上看不清。而且父母近视，孩子也更可能会近视，因为遗传因素在近视形成过程中的作用很大。这两篇文章的发表，也颠覆了之前的认知，我们终于明白夜灯并不会导致孩子近视。

上面举的这个例子，体现了科学的进步，能在自我纠错中发现真理。但同时也揭示了一个重要的现象，就是人们非常喜欢根据不完整的信息来编故事，特别是编存在因果关系的故事。换句话来说，**人们经常会把两个或多个事件通过因果关系连接起来。这种因果关系虽然听上去很有道理，有时候也的确正确，但在很多时候，根据不完整的信息简单联系几个事件会带来错误。**

因为，你认为互相联系的几个事件之间可能仅仅是有相关性，但并不具备因果关系。听到这里，你也许会有疑惑：相关关系和因果关系的区别是什么呢？

## 因果与相关

为了理解这一点，我们用夜灯和近视眼的例子来聊一聊形成因果关系的三个要求。

首先，因果关系中的原因和结果必须相关。例如，研究者发现夜灯的使用和近视眼比例之间确实是相关的，使用夜灯的家庭近视眼比例更高。所以，相关关系是因果关系的前提。

其次，原因必须发生在结果之前。这个很好理解，比如说在这些被调查的家庭，在孩子变成近视之前他们就已经开始使用夜灯。

最后，也是最为重要的一点，必须是你关注的那个原因导致的这个结果，而不是其他的原因导致的这个结果。比如说，在夜灯的例子里，是父母近视这一其他因素导致了孩子近视，而不是夜灯的使用导致了孩子近视。如果不近视的父母使用夜灯，孩子近视的可能性并不会上升，所以夜灯并不是导致近视的原因。答案揭晓之后，这个结论很明了。但是很多时候，我们恰恰没有看到除了我们关注的因素，还有其他一些重要的因素存在，而它们才是真正的原因。因此，我们会轻易地做出存在因果关系的错误论断。

# 为什么我们的大脑喜欢编故事

在我们的生活、工作中，这样的例子其实有很多：

看到别人家的孩子上了某个补习班，然后成绩突飞猛进，就断定是这个补习班的原因，但其实更重要的一个原因可能是这段时间其父母更关注孩子的学习，所以孩子的学习表现更好了。看到朋友最近在吃一种保健品，气色比之前好，就认定这个保健品必有奇效，于是冲动购买；但你并不知道这位朋友其实也在改变生活习惯，而且其他吃了同样保健品的人似乎没什么效果。

说到这里，你可能在想，为什么我们这么喜欢做因果关系的判断，习惯性地用因果关系来解释周围发生的事情？

这里主要有两个原因：

**首先，我们需要有控制感。** 心理学家发现，在这样一个变化的世界中生存，我们需要对周围的环境有控制感。当这种控制感下降的时候，我们会感到焦虑不安，产生一系列负面情绪，因此我们就会通过各种各样的方法提升控制感。面对随时随地出现的众多信息，大脑需要一个有效的方法处理这些信息，并让我们感觉世界是可控的。于是我们通过建立因果关系，把许多原本不相互关联的信息用故事串联起来，一切也就显得有迹可寻。你和朋友一起去面试，结果你的朋友拿到了录用通知，你却没有，为什么？如果能给出一个可以接受的理由，比如他比我要的工资要低一些，你就可以把这件事画个句号，也就知道下一次该怎么调整自己的面试战术。否则，我们会始终纠结。每一个"为什么"，只有在有了因果的解释后，我们才会觉得这个世界是有序的，生活可以继续。

**其次，大脑喜欢简单的判断。** 因为我们的大部分决策都是系统1完成的，而系统1的一个重要特点就是喜欢简单的决策方法。通过因果关系叙事的方式解释我们身边发生的事情，可以让世界的运行规律显得简单。

# 结语

我们的大脑偏好通过建立因果关系把很多信息连接在一起，形成一个顺理成章的故事。这让我们觉得世界是简单的、可控的，也是有据可依的。这种倾向无疑有助于我们的生存，但同时也会给我们带来系统的偏差。它让我们认为世界的随机性比实际要小，于是低估类似黑天鹅事件发生的概率。所以，作为一个学心理学多年的人，我想给你的建议是，如果你想了解世界的真相，不要过多相信故事，尤其是那些讲得极具感染力的故事，因为它们往往是片面的。多去了解客观的数据，采用更全面的视角分析问题，并且相信科学实验的价值。

到这里，本书的第二章结束。在这一章，我们了解了系统 1 做决策时的三种启发式，了解了大脑喜欢编因果关系故事的原因。那么系统 1 除了喜欢用简单的方式做决策，还有没有其他的特点呢？从下一讲开始，我会开启这门课的第三部分，为你介绍它的一些其他特点。

## 行为小锦囊

这种通过建立因果关系讲故事的方式，能让我们在复杂的世界中相对轻松地生存。但它也会带来很多弊端，比如开篇关于夜灯和近视眼的例子，会让我们得出错误的结论；再比如我们会努力效仿成功人士的做法，却发现成功其实很难复制，于是垂头丧气。那么，了解了这些内容之后，我们能做些什么？

首先，我们要意识到人的大脑偏好因果关系，但很多时候，人们轻易做出的因果关系的论断其实是错误的。当人们想要解释周围发生的事情，想要证明自己是对的、别人是错的，或者想要说服他人的时候，往往会草率做出因果结论。但这个世界的无序性其实远大于有序性。所以下次在你做出因果结论时，多想一下，这中间真的有因果关系吗？原因一定会导致结果的出现吗？有没有这样的时候：原因出现了，但是结果并没有出现？经过这样的思考你会发现，很多时候我们得出的因果关系结论是如此轻率。

**其次，更为重要的是，你要了解如何科学地测试因果关系的存在。**目前科学界公认的一种检验因果关系的方法是**实验法**。假设我们认为夜灯会导致近视眼，我们可以通过实验的方式去测试这个原因是否真的会导致这个结果。最理想的实验是，你随机找到两组婴儿，一组婴儿每晚睡觉时不用夜灯，而另外一组婴儿睡觉的房间里有夜灯，然后追踪这些孩子几年，看看两组孩子中近视眼的发病率是否有所不同。当然这中间还需要控制一系列其他的因素，比如，婴儿的健康状况、父母的视力等。这种通过主动改变条件来观察结果的实验，是建立因果关系的黄金标准。

如果你有兴趣了解这样的内容，我建议你找些实验设计的书籍来看，相信你会从中受益。当然，你可能会说，我们日常生活中哪能事事都通过实验的办法来验证因果关系？那你可以做的是将眼界打开，不仅仅关注你关心的那个因素，还要多想想，有没有其他的因素在其中发挥作用，这些因素是什么？它们会不会是更为关键的因素？有了这样一个思考的过程，相信你会更少地陷入编因果关系故事的陷阱。

传统经济学认为，人们在做决策的时候，只需要遵循价值最大化的原则。也就是说，如果你认为选择 A 比选择 B 好，那么不管在什么环境下，你都会坚定地认为 A 好。但事实并非如此。行为心理学的大量研究发现，不同的决策环境会导致我们做出不同的选择，这也就颠覆了价值最大化的原则。

　　那么决策环境具体包含哪些呢？

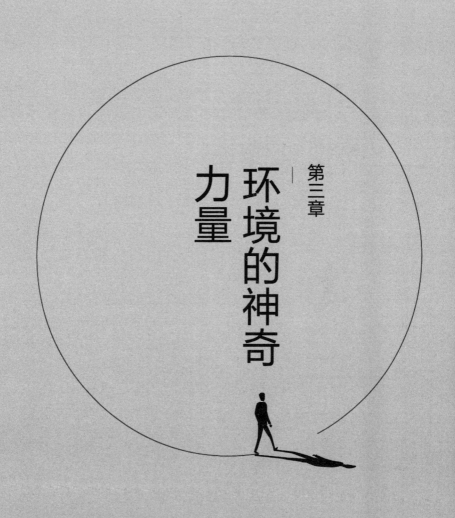

第三章

环境的神奇
力量

# "诱饵"和"妥协"

我的一个朋友，因为换工作要搬到一个新的城市，于是找到中介，想租房。中介先带他看了两套房，租金都不便宜。我朋友到那儿一看，一套装修很破，另一套社区环境很不好，都很不满意。最后，中介带他来到第三套房子，价格跟之前的两套差不多，也很高，但是装修和社区环境都好不少。我的朋友眼前一亮，立马租下了这套房子。等我朋友签完合同回家一想，才意识到这套房子的性价比其实并没有他感觉的那么高。周围有很多类似的房子，有些价格还比这套便宜。但是，当时在前两套房子的对比下，他觉得自己捡了一个大便宜。其实，这就是一些无良中介带客户看房时的常用伎俩，但是为什么屡试不爽呢？这就是决策环境在其中发挥的作用，它改变了我们做比较的标准。

如果你有过租房的经历，你会发现除了看房的顺序，还有很多其他的因素也会对你有影响。比如说，你的朋友、同事租什么样的房子？你的房子是自己住吗？以后是否会邀请朋友们来家里聚餐？这些多种多样的因素共同形成了你的决策环境。传统经济学认为，人们在做决策的时候，通常只遵循价值最大化的原则。也就是说，如果你认为选择 A 比选择 B 好，那么不管在什么环境下，你都会坚定地认为 A 好。但事实并非如此。行为心理学的大量研究发现，不同的决策环境会导致我们做出不同的选择，这颠覆了价值最大化的原则。

**那么决策环境具体包含哪些呢？**

不同的学者有不同的看法，我想在这里给大家介绍我对它的理解。**我认为决策环境包括一系列有可能通过改变决策过程，从而改变决策结果的因素。**

为了让大家更好地理解，我把这些因素分为以下三类：**信息展示的方式、做决策时的物理环境以及做决策时的社会环境。**

# 诱饵效应

首先介绍第一类因素，也就是信息展示的方式，在行为心理学里被称为"**诱饵效应**"。

关于诱饵效应，之前我提到过的行为心理学的奠基人之一特沃斯基曾经在 1992 年的时候做过一个很著名的实验。

接下来，我带你经历一下这个实验。

假设你准备参加这个实验，可以从两个报酬中选择一个，一个是获得 6 美元，一个是获得一支很精美的钢笔，请问你会选择哪一个呢？

也许你会非常坚定地说，肯定选 6 美元呀。在当时的实验中，的确只有 36% 的人选择了钢笔，而更多的人选了 6 美元。

可是，有意思的是，还有一些参与实验的人可以从三个报酬中选择一个：6 美元、一支精美的钢笔、一支很普通的钢笔。你也许会很好奇：这样设置的目的究竟是什么？这支普通的钢笔肯定比精美的钢笔差，肯定没人选，那为什么要把它放在选项里呢？

实验的结果告诉我们，当加入这支普通的钢笔之后，虽然几乎没有人选择它，但是人们选择精美钢笔的比例明显上升了。

细想一下，这是不是一个很有意思的现象？

如果那支精美钢笔给你带来的价值低于6美元给你带来的价值，那么你应该总是选择6美元。但当普通钢笔的选项出现时，虽然前两个选项本身没有发生任何变化，但这支你根本不会去选的钢笔却提升了那支精美钢笔在你心里的价值。所以这支普通的钢笔就好像一个诱饵，使得那支精美的钢笔更具吸引力。

为什么会这样？

**因为诱饵的出现会让你自然而然地进入比较的思维模式。**6美元和一支精美钢笔并不好比较，所以你更多的是根据自身的偏好做决策。如果你需要或喜欢钢笔，那么你就会选它，否则你会认为6美元有更多的用途。但当那支诱饵钢笔被加入选择框架后，这两支钢笔之间非常容易进行对比。人天生喜欢对比，而且通过对比得出的结论往往更有说服力。这样你就有一个更好的理由去向别人解释，你为什么选择了某个产品。

换句话说，在这个加了诱饵的选择框架中，我们有一个容易说服自己，也容易向别人解释的理由。于是当我们面对6美元和钢笔的选择犹豫不决时，在精美钢笔和普通钢笔中选择那支精美的钢笔，就会显得更加简单、轻松。

**加入这个诱饵之后，是否真的让选择变得轻松了呢？**在这个实验做完十多年后，两位明尼苏达大学的教授用FMRI（功能性磁共振成像）技术给我们带来了很有价值的答案。这两位教授找来一群志愿者，让他们做一系列的选择，但和之前传统的心理学实验不同，这次的实验，志愿者是躺在一个脑部扫描仪中完成的。实验室中，志愿者的眼睛正上方有一个屏幕，上面会展示每一道问题，右手边有一个按键，志愿者可以通过点击的方式给出答案。在整个过程中，脑部扫描仪会对志愿者的脑部进行扫描，看看脑子里面的状况。

这个实验大体分为两个环节。在第一个环节中，志愿者会看到两个选项 A 和 B。这两个选项是由实验人员精心挑选出来的，各有利弊，所以选择也会比较困难。在做这样的选择的时候，研究人员发现人脑中有一个部位被激活，显得非常活跃。这个部位就是"杏仁核"，被公认是识别和调节负面情绪的部位。也就是说，当面临一个困难选择的时候，志愿者会感到焦虑、纠结、犹豫。

但有趣的是，在这个实验的第二环节，研究者让志愿者看到的选择题都有三个选项。这里包含第一环节中的两个势均力敌的选项，但还包含另一个选项，也就是之前提到的那个诱饵选项 C。你可以把 C 想成和 B 很接近，但是明显比 B 要差一些，就像我们之前提到的普通钢笔的选项。这时，志愿者必须在 A、B、C 中做出选择。神奇的是，当 C 出现后，脑部感知负面情绪的杏仁核部分变得安静了，不再像之前那样活跃——你可以理解为大脑一下子轻松了下来，顺利地做出了决定。因为 C 选项的出现，让志愿者在 B 和 C 中做选择变得更为容易，从而让志愿者感觉更轻松，不容易产生负面的情绪。

## 妥协效应

除了刚刚提到的诱饵效应，还有一个很著名的效应叫作**妥协效**

应。妥协效应在我们的生活中随处可见。

你走进一家理发店准备烫头发，发现理发店烫发的药水有两种：一种是比较普通的药水，定价200元；一种是效果更好一点的药水，定价400元。你会选择哪一种呢？有些人可能就会很纠结，到底是追求价格，还是追求性能呢？最后很多人因为价格便宜而选择了第一种。

此时，理发师告诉你，我们还有一种更高级但是价格更贵的产品，价格是600元。这个时候你面临三种选择：普通药水，200元；中档药水，400元；高档药水，600元。你会选择哪一个呢？在这种情况下，多数人会选择400元的那款药水，因为我们感觉它的效果和价格都居中，因此两方面都可以兼顾，选择之后不会后悔。

大家发现没有，这里有一个很有趣的现象，400元的那款药水在单独和200元药水做比较时并没有吸引力，但是一旦引入了600元药水的那个选项，400元药水的选项就突然变得无比诱人。产品和价格都没有变，只是它在选项中的位置变了，它被选中的可能性就迅速增大。这就是妥协效应，它还有一个名字叫作折中效应。它**告诉我们，人们在做选择的时候，更喜欢选择位于中间的选项，因为这样的选择看起来更安全，也更容易。**那么它给我们的启示是什么呢？人们通过简单改变选项在选择集中的位置，让它变成一个折中选项，它可以不知不觉地改变人们的选择。很多理发店正是了解到这一点，所以设置了一些价格较高的产品，其实目的是为了增加那些中间价位产品的吸引力。

## 结语

人们的决策是如此容易被操纵。通过信息展示方式的精心设计，我们可以改变人做决策的思维过程，从而改变最终选择的结果，诱饵效应和妥协效应就是其中的典型范例。

读到这里，我想问问你：除了诱饵效应和妥协效应，你还能想到其他能够让选择变得简单的方法吗？这些情境效应会给我们带来什么样的负面影响吗？

## 行为小锦囊

你也许会发现，很多时候，你的选择并非反映了你真实的需求，而是因为商家的一些巧妙设计使你做出了冲动的决策。这样就可以解释为什么我们买了很多东西，当时觉得很值，但事后很少用到，也会让我们后悔了。

那么如何做才能抵制类似诱饵之类的影响呢？我给你的建议是，在做决策之前，尤其是购买决策前，问一下自己：这是不是我真的需要的？如果仅仅是因为便宜，在选择框架中显得很有吸引力，那你就要提醒自己，不要打开钱包。如果是真正需要的，再贵一点都值得；如果是不需要的，再有吸引力，都应该果断走开。

当然，从另一面说，想帮助他人做出更好的决策时，我们可以考虑通过选择情境的设计来实现。比如在选项中加入诱饵，或者是把你推崇的选项变成折中选项，让他人可以简化选择，减少纠结，做出最有效的选择。

# 如何能够吃得更健康

数据显示，2017 年，肥胖导致全球 470 万人过早死亡，占当年全球死亡人数的 8%。这个比例在 1990 年只有 4.5%。全球有 39% 的成年人（18 岁以上）属于超重或肥胖。更严重的是，在儿童和青少年人群中，超重以及肥胖的比例从 1975 年的 4% 增长到 2016 年的 18%。可见，每个年龄段的现代人都面临肥胖问题。中国的情况也不容乐观。2018 年的统计资料显示，目前我国超重人群达 2 亿，也就是每 7 个人里就有一个超重。肥胖人群超 9000 万，因超重和肥胖引发的糖尿病、心血管疾病等比例也是逐年增加。

科学告诉我们，肥胖主要是由于消耗小于摄入所导致的。所以人们常说，要想减肥，先要管住嘴。健身圈内也一直盛传一句话叫："三分练，七分吃。"由此可见吃的重要性。那么如何能吃得健康并适量呢？

虽然专家、媒体都在建议人们多吃蔬菜、水果，少吃垃圾食品，少喝碳酸饮料，多运动，但真正能做到这些很不容易。还记得我们之前讲过的冷热共情差距吗？冷静状态下，就好比你上午意志坚强，吃健康食品，但等忙了一天下班之后，你还能经得住麻辣香锅和美味甜品的诱惑吗？同事叫你一起出去喝酒，你有足够的自控力拒绝吗？我们在不停地立志，但总是很难成功。

为什么控制饮食如此困难？

因为控制饮食需要自控力，它需要消耗精力，是系统 2 的管辖范畴。但系统 2 并不随时在线，而且当你累了、困了、耗尽精力的时候，系统 2 也不可能被激活。这时候冲动的系统 1 就会带着你毫不犹豫地接受诱惑。

那怎么办？你也许会说，我要努力提高自控力，让自己变得意志坚强！想法当然很好，但做起来又谈何容易。在这一讲里，我想分享的是如何通过改变选择的环境，助推自己以及他人做出更健康的饮食选择。

## 如何让谷歌的员工吃得更健康

在之前的内容中，我主要介绍的是心理学家在实验室里做的实验。这样的实验设计严谨，结论清晰，但往往样本量偏小，而且也很难完全体现现实生活中的复杂性。接下来，我想介绍一个大规模的企业实践，看看一家企业如何通过改变食堂的选择环境从而潜移默化地影响员工的饮食决策。

这家公司是著名的谷歌公司。作为一家全球顶级的互联网企业，它汇集了全球的顶级人才，而且谷歌非常强调员工福利，它的自助餐厅以免费和美味而闻名。当然餐厅里的食物也并不都是健康的，而且因为是免费的，员工也经常拿很多。吃着吃着，一些人就慢慢胖了起来。于是谷歌开始了一项很重要的行动，提出不仅要让员工吃好，更要帮助他们做到健康饮食！

他们具体做了些什么呢？

首先，餐厅里的盘子从以前的大盘子换成了小盘子。无论是实验数据还是直觉都会告诉你，盘子越大，你盛的食物就越多，你吃得也就会多。所以把盘子换小一号，从总量上就能有所控制了。

其次，餐厅里食物摆放的顺序发生了变化。各种蔬菜放在了最前面，后面才是肉食、主食以及甜点。而且，餐厅为健康食品贴上了绿色标签，给高热量的食物贴上了红色标签。这种视觉引导也会影响员工的选择。那些很饿的员工，往往是先看到什么就先盛什么。尤其前面是贴了绿色标签的食物，拿的时候更是心安理得。等到了后面放置主食、甜点的地方，本来就不大的盘子也基本没什么地方了。在不知不觉中，员工吃蔬菜的比例也就相应提高了。

另外，在餐厅里随处可见饮用水以及蔬菜汁，但各种碳酸含糖饮料摆放的位置很有限，而且都是在不起眼的地方。为什么？因为饮料放的位置不好找，拿它的人也就会减少。

如果你吃完还想外带食物，你会发现可以外带的肉卷、三明治等高热量食物都比外面餐厅卖的要小将近60%！还有一点特别值得一提：调整咖啡机旁摆放的食品。很多人会到餐厅打一杯咖啡。咖啡机做出一杯新鲜的咖啡平均需要40秒钟的时间。在等待的这40秒钟里，人们通常会做什么呢？他们会吃几块边上的点心，或者拿上几块巧克力，带着一会儿吃。谷歌的餐厅设计者发现了这个细节，然后做了一个微小的调整。他们把这些不健康的甜食挪到了远处，大概要多走五六步才能找到，而在咖啡机旁边摆放了新鲜的水果切块。这时你会怎么做？多数人会在等咖啡的时候，拿两块水果吃。

这些都是细小的变化。你会发现，其实提供的食物本身并没有变化，只是选择的环境有了改变。但这些精心设计的选择环境，带来了显著的效果。拿谷歌在纽约的分部举例，这个分部的食堂每天要给超过 1 万名员工提供餐饮。两年前，几乎没人早饭会吃蔬菜沙拉，而目前这家食堂每天早饭要提供 2300 份沙拉；海鲜摄入量提高了 85%；矿泉水的需求量是含糖饮料的 5 倍以上！这些都是非常好的数据，它充分说明食堂选择环境的改变可以在潜移默化中改变人们的食物选择，助推员工的健康饮食。

其实这样的免费食堂还有一个大问题，估计你也能想到，就是食物的浪费。很多人会多拿，吃不完就倒掉。这种浪费在公司和校园食堂都是非常普遍的现象。为了减少这样的浪费，谷歌的餐厅和一家第三方机构合作，让厨师随时可以测量倒掉食物的分量和种类，并根据这些数据更合理地准备食物。不仅如此，他们还会在员工归还盘子的地方，对剩余的食物称重。这虽然是一个小动作，但当人们看到浪费的食物被量化的时候，看到屏幕上的数字，大部分人还是会感到惭愧，也会在之后拿食物的时候更加谨慎。

其实这样的例子不仅限于谷歌，在我们的身边也随处可见。如果你家有上学的孩子，估计也是每天放学后，像个饿狼似的狂吃一通高热量的食品，然后等正经晚饭的时候就吃不了多少了。我家孩子正是如此，开始我们也是讲道理，但收效甚微，于是我们做了一个简单的改进，就是清理掉柜子里的薯片和棒棒糖，只提供新鲜的水果和全麦饼干。孩子开始会抱怨，但因为找不到其他的，就只能开始吃水果，吃着吃着也就习惯了。其实我们做的和谷歌是异曲同工的事情，**通过改变选择的环境，从而改变选择的结果**。这也就是之前反复提到的"助推"的概念。

# 结语

我们总是希望能做出正确的选择，但由于精力有限，系统 1 又容易受到情绪等因素的影响，我们做出的选择有时会让我们后悔。在这部分内容里，我介绍了一些值得借鉴的做法，即通过设计我们的选择环境，让选择变得更简单，也让你变得更好。希望这些能帮助你主动改变周围的选择环境，让你自己以及你在乎的他人做出更好的选择。

看完这一节，请大家思考下：你是否曾经主动改变过自己或他人的选择环境，效果怎么样呢？如果没有，你是否打算尝试一下，通过改变环境来改变自己和他人的行为呢？

## 行为小锦囊

2017 年，诺贝尔经济学奖的获奖者理查德·塞勒和他的合作伙伴出版了一本书，名字就叫《助推：如何做出有关健康、财富与幸福的最佳决策》。在这本书中，塞勒提出，设计选择环境是一门艺术，但我们每个人都可以成为设计师，通过对选择环境的设计，巧妙地影响人们做出更好的选择。

如果你想做一名好的选择环境设计师，请记住一个原则：让选择变得简单，而且让渴望的选择更容易被选到。

那如何让选择变简单呢？接下来，我将给你介绍几种具体的方法：

第一，**让渴望的选项更容易被关注到**。比如像谷歌餐厅那样将蔬菜放在最前面，让矿泉水随处可见，而含糖饮料放在很难找到的地方。再比如，通过可视化的方法让健康和环保的信息更吸引眼球。现在有不少地方都鼓励大家节约用纸，但有些地方的标识还会加上一个树轮的图像，并配以文字"纸用一圈，树长一年"。看到这个，相信你在用纸的时候，或许会有所节制。

第二，**去掉不希望的选项**。就像我把家里的薯片扔掉，你也可以简化可供选择的选项，这样不仅让选择变得简单，也会让渴望的选项突出。如果你想控制自己的购物行为，请把购物软件放到手机里不能随手点开的地方。

第三，**设计一些选择的技巧，比如默认选项**。大部分人对退休金该怎么管理都是一头雾水，所以不少企业会在员工退休金选项中设定一个相对稳健的默认选项，就是如果你不主动改变，这个默认好的选项就成为你的选择。结果怎样？绝大部分人都是跟着默认选项走，从而不至于因为自己的冲动损失退休金！同样的，如果你想存钱，就可以在银行系统里设置，默认每个月从工资中转存一部分钱到另一个储蓄账户，不知不觉你就有了自己的第一笔积蓄。当然，这样的技巧还有很多，如果你感兴趣，可以找到《助推：如何做出有关健康、财富与幸福的最佳决策》这本书读一读，相信你读完会受启发。

# 环境会影响决策吗

如果你现在正在家里看这本书，我想请你先花一两分钟的时间环顾一下你周围的环境，卧室、厨房、客厅，你对家里的环境满意吗？是杂乱无章还是整洁有序？如果你现在是在路上或其他的场所，也请你想一下你家里以及工作场所的环境，这些你每天长时间生活、工作的环境是否井然有序？

如果不是，你有没有想过周边环境的有序性会对你日常的决策有什么样的影响？试想一下，如果你晚上下班回来，累了一天，进到家里却乱七八糟，各种各样的东西遍布全屋，你会是什么心情？然后你打开冰箱或者柜橱，里面塞得满满的，还有不少已经过期的食物，你会收拾整理一番，然后开始做饭，还是直接关上冰箱，拿出手机点外卖？

有很多心理学家注意到，长期生活在杂乱无章的环境里的人，往往会呈现出一系列问题，比如免疫力下降、压力上升、自控力下降、强迫性购物以及暴饮暴食。而我一直对这个领域很感兴趣，这些年也做了许多相关的研究工作，得到了一些有意思的结论。那么在这一部分，我想分享一下我自己做的一些研究，来看一看杂乱的环境到底会对我们产生什么样的影响，同时也让大家了解一下行为科学的研究到底如何操作。

# 杂乱的房间

这个研究由我和我的一个博士生一起完成。我们观察到，在日常生活中，很多人的生活或者工作环境是杂乱无章的，但是他们似乎并没有想过这些环境对自己的生活和工作有什么影响，包括我们自己其实也不确定影响是否真实存在。因此我们决定设计实验，让数据来说话。

首先，我们找到了两个完全一样的屋子，然后把其中一个屋子布置得井井有条，书桌、椅子、书架上的读物、文具都摆放有序，干净整洁。而在另外一个屋子里，我们摆放了同样的东西，但这些物品都放得杂乱无章，书本、文具等都四处散落。然后，我们通过自愿报名的方式，在大学校园里找到了100多位学生参加我们的实验。我们把实验的参与人员随机带到其中的一个屋子，完成一系列的任务。而每位参与者都是单独完成实验，所以不会受到他人的影响。

在实验过程中，我们让参与人员完成一个空间能力的测试。具体内容很像大家小时候玩过的一种游戏，就是我们给出一个比较复杂的几何图形，要求参与人员用铅笔一笔描出整个几何图形，而且不能重复图形中任何一个线段。但我们没有告诉这些参与人员，这个任务实际上是无解的，他们其实不可能一笔画完所有线段而且没有重复。所以，你可以把这个题目理解为一个非常有挑战的测试，我们想观察的是对于这样一道难题，这些参与人员坚持多久后会放弃。坚持的时间越长说明他们遇到困难时的自我控制能力越高，也就是他们更愿意克服困难。

我想先请你猜一猜，这两个屋子里的人坚持的时间会有显著的区别吗？如果有，你觉得哪个屋子里的人会坚持更长的时间呢？

最后的实验结果告诉我们，在这个困难的任务上，那个杂乱无章的屋子里的人平均坚持了11分钟，而那个整洁有序的屋子里的人平均坚持了19分钟！整整8分钟，差距是非常显著的。这个实验证明了物理环境与自控力之间确实是存在因果关系的。也就是说，相较于有序的环境，无序的环境会导致我们自我控制能力的下降。当然，在这个研究中，我们还测试了一些其他也需要自控力的任务，都得到了相同的结论——**杂乱环境确实会让我们表现得更加冲动，自控力也明显下降。**

此刻的你一定在问为什么。在因果关系错觉的那个章节里，我给大家介绍过，所有人都需要对周围环境以及自己的生活有一定的控制感。如果完全不可控，人们就会产生极大的焦虑和不安，无法正常生活。控制感越强，也会让你越放松、越自信。当你身处混乱环境之中时，虽然你自己并没有意识到，但是潜意识里会感觉对周边的环境丧失了一些控制感，因此会感觉到失去控制的威胁。

而感受和应对这种威胁非常消耗大脑的能量。我们的大脑就像手机的电池，能量有限，当你用大部分的能量去应付这种杂乱环境带来的威胁的时候，你就没有多少精力再去调动系统2来约束自己的行为了。于是，在需要自控力的任务上，也就难免失败。明白了这个道理，我相信你就能理解为什么身处杂乱无章的环境中时，你更有可能选择吃巧克力，而不是健康的水果。

# 结语

读到这里，你会不会突然很有动力去收拾一下自己的屋子，改变一下周围的环境？如果有，我希望你能坚持，并记录这些点滴变化给你带来的改变。一段时间之后，或许你可以把体会分享给你的朋友，我很期待你的改变。

## ━━ 行为小锦囊 ━━

我们做的这个研究最终发表在消费者心理研究领域的顶级期刊《消费者研究》上。我们的研究结论也得到了媒体后续的报道，特别是《哈佛商业评论》还发表了一篇文章专门介绍这个研究，并提出了一系列的建议。

我也想在这里分享一些建议：

首先，**物理环境对行为决策的影响是巨大的，而且这些影响往往在你的意识之外。**在这里我只是介绍了物理环境的一个方面，也就是环境是否有序，其实我和合作伙伴还研究过一系列其他的要素，比如背景颜色，噪音的大小，环境的温度、亮度以及空间的狭窄程度等对我们生活的影响。这一系列的研究让我深深意识到环境的作用不容忽视。

其次，**杂乱无章的环境会让我们产生失控的感觉，而体验和应对这种感觉也会在很大程度上消耗大脑的能量。**这使得我们的系统 2 更不容易被调动起来。于是，系统 1 会来主导我们的决策。它懒得思考，看重眼前的利益，因此让人不再控制自己的饮食，找借口逃掉体育锻炼，或者做一些其他不理智的决定，获得暂时的快感或满足——但事后我们可能会很后悔。

明白了这个现象以及背后的原理之后，我想提的建议就是：从收拾身边的环境做起，让书桌、屋子、办公室整洁起来。这其实就是一个"断舍离"的过程，收拾清理的过程会让人们思考什么才是自己真正需要的，什么是自己不需要的，哪些该留，哪些该处理掉，最后留下来的都应该是好的、需要的东西。这虽然听上去是一个小的改变，但它会对人们产生很大的潜在影响。

当然，你也许会说，在我的周围，有些环境是我自己可以改变的，而有些环境我没办法改变，怎样才能够在我不能改变的杂乱环境中仍然保持自控地工作、生活呢？这里涉及一个关键点——人的自我控制能力是可以被锻炼的，并且在充分锻炼的情况下，它会成为一种下意识的习惯，而不需要我们每次都调动系统 2 来干预我们的行为。

比如说，当你平时持续且有意识地提醒自己健康饮食的好处并付诸行动时，你不仅会看到体重的下降，更重要的是能再次感受到对自己以及周围环境的控制感。这会给你信心和动力，使你可以坚持，并形成正向的循环。久而久之，你或许会发现，健康饮食、规律生活不再是一件需要努力控制才能实现的事情，它已经成为不费力的习惯。到那时，你就不再需要依赖系统 2 刻意控制自己的饮食，因为新的自律习惯已经成为你的系统 1 的一部分，环境对你的影响自然也会被削弱。

# 他人在场会影响你吗

我的研究兴趣之一是行为心理学，其实我还有另外一个研究方向，就是社会创新与企业可持续性发展。我一直在关注企业如何通过优秀的商业模式去解决社会问题，进而让企业可以长久发展。基于这方面的研究，在 2020 年 5 月，中信出版社出版了我的第一本书《未来好企业：共益实践三部曲》。

说到这本书，我要特别提一下我的合作伙伴李梦军。她是长江商学院的研究员，曾在日本留学多年，如果没有她这本书是不可能完成的。但我想给大家分享的是书出版后的一个小故事。我们很荣幸地被《哈佛商业评论（中文版）》邀请，在位于北京东直门的由新书店做一场读书会的活动。我知道梦军是一位做多于说、不太善于在众人面前讲话的人，但我很想借此机会，让她挑战一下自己，可以让她向更多的人说出她写这本书的心得。

梦军开始很紧张，为了准备 10 分钟的演讲，她从几周前就开始写稿，每天练习，中间我还和她一起演练了两次。看到她那么大压力，其实我也想过要不要让她放弃，但很快这个念头就被打消了，因为我相信这对她来说是一个难得的自我提升的机会。读书会的当天，梦军在现场读者以及线上近 20 万听众关注中，娓娓道来，游刃有余，在问答环节也做出了很精彩的即兴回答。在众多观众面前，她的表现远好于之前和我练习时的状态。

看到这儿，我相信很多人深有同感——有些时候，做同样的一件事情，当周围有其他人关注或陪伴，相比独自一人做的时候，你会表现得更好！我也是如此，比如：在办公室工作，边上有其他同事在的时候，我的工作关注度和效率都会更高；和别人一起跑步，我跑得更快也更轻松。

# 社会促进效应

上面描述的这类现象在行为心理学里被称为"社会促进效应"。它指的是有他人在场，相比单独进行，会提高一个人的能力或表现。这个现象早在 1898 年就被研究者记录下来。心理学家发现，当自行车运动员和其他运动员比赛时，他们的速度要比自己骑车时更快。类似的结果也在其他的人群和项目中得到确认。

为什么会这样？为什么有他人存在，有时甚至没有任何互动，就能让人们表现得更好呢？一种普遍被接受的解释是，我们总是想在别人面前展示出最好的一面，所以在有观众的时候会更加兴奋，更有动力去努力表现。这就好比老板在的时候，员工的工作效率会更高。这两年的疫情导致我的很多课程要改到线上，这对我来说其实是一个巨大的挑战，因为能和学生真正在同一个教室里讨论，我才会有更好的表现。

看到这里，估计有人会提出质疑：好像我不是这样，并不是在任何有他人在场的情况下，我都会有更好的表现。相反，有些时候，有外人在，会让我分神、紧张，表现得更差。如果你想到这里，那说明你很敏锐。的确，心理学家后来发现，有他人在场，一个人有时会表现得更好，但也有另外一些时候会表现较差，后面的情况被称为"社会抑制效应"。

## 社会抑制效应

**什么时候他人的存在会促进表现，什么时候会抑制表现呢？**

这里有一个重要的决定因素，就是你本身的能力。如果你擅长某件事情，具备了足够的能力，有他人在场时，你会有更好的发挥。因为他人的关注会让你兴奋，更有动力去做好。相反，如果某件事情不是你擅长的，或者是刚刚开始接触，那么他人在场会让你分心、紧张，觉得尴尬。越是这样，身体、脑子越不听使唤，表现也就更差。试想你刚开始学一门外语，如果有别人在，你是不是觉得更说不出口？或者刚开始学习打网球，周围如果有人在看，你会不会觉得不好意思做动作？类似的场景都体现出了社会抑制效应。

## 破窗效应

上面我们分享的是社会影响力的一种形式，就是有他人在场，即使没有任何互动和交流，也会促进或者抑制你的能力表现。其实社会影响力远不止上面讲到的社会促进和社会抑制效应。周围人的具体行为也会对我们的行为决策产生系统的影响。

你有没有发现，等红绿灯的时候，只要有一个人闯红灯，之后就会有更多的人跟着闯？你走在街上，刚喝完一杯饮料，琢磨着把空瓶子扔到哪里，此刻如果你处在一个脏乱差的环境，看到边上有人随手丢弃的垃圾，那么你也很有可能偷偷把这个瓶子扔在一个角落。但如果此刻你走在一个干净整洁的马路上，周围没有任何人随地吐痰，乱扔废弃物，那大概率你会拿着这个瓶子一直到找到一个垃圾桶再丢弃，甚至有可能直接带回家。类似的情景还有很多，**这就是心理学里非常著名的"破窗效应"。**"破窗"表面意思指的是打破了的窗户，但实际想表达的是那些看似不起眼的违反社会规范的行为，比如在墙上涂鸦，随地扔垃圾，买票不排队等，会对他人起到不良的示范作用，于是更多的人会做类似的事情，导致情况越来越差。

《科学》杂志在 2008 年发表了一篇文章，解释的就是这种破窗效应如何导致无序和混乱的传播。文章中介绍了一系列实验，我简单介绍其中两个有趣的实验。

其中一个实验发生在一个购物中心的停车场里。在一种情况下，停车场里非常整洁，没有随便摆放的购物车；在另一种情况下，停车场里有很多没有放回原处的购物车，导致停车场里杂乱无序。在两种情况下，研究人员在每辆车前车窗的雨刷下都放了一张传单，然后在边上默默观察，看看车主回来后，是否会把传单随意地扔到地上。

结果如何呢？在整洁有序的环境下，不到三分之一的车主把传单丢到了地上，但是当停车场环境杂乱时，超过一半的车主把传单丢到了地上。这个差距是相当显著的。

在另一个实验中，研究者甚至发现一些不起眼的违反社会规范的行为，比如在墙上涂鸦，乱扔废弃物，竟然能导致更多的人去做出偷窃的行为。

这些都证明了一个重要的结论，就是一些人甚至是少数人的不起眼的违规行为，都很可能导致更多人的跟随。后来人甚至会在其他领域做出违规甚至违法的行为，进而导致更大的混乱。

为什么在一个别人都遵纪守法的环境里我们也会表现得更好，但当别人做出类似砸破玻璃窗的事情时，我们也会展示出自己黑暗的一面？

关于这其中的原因，心理学里有不少解释，但我比较信服的一种解释是上面提到的那篇《科学》杂志上发表的文章里提出的观点。我们每个人每天都会同时追求多个目标，但其中有些目标可能是互相冲突的。比如，日常生活中我们希望能够遵守社会规范、行为得体；但与此同时，我们又想让自己感觉自由、及时享乐。这两个目标其实是相互冲突的。遵守社会规范需要约束自身的行为，如果没有养成自律的习惯，那就需要我们大脑中系统 2 的参与；但及时享乐是相对轻松容易、不费力的，更符合系统 1 的天性。而占上了风的目标，就会决定你的行为。此时，他人的行为所起到的作用就是让这相互冲突的几个目标中的某一个更加凸显。

回到之前那个例子，当周围没有人随地乱扔垃圾，街道干净整洁的时候，遵守社会规范这个目标会在你头脑中占主导地位，于是你也就会做出同样负责的行动；但是如果有人乱扔垃圾，遵守社会规范的目标就会在你心里被弱化，而那些让你感觉自由、及时享乐的目标就会被加强，于是你就会随手扔掉那个空瓶子，甚至做些小偷小摸的事情，满足自己当下的快感。

没有人生活在孤岛上，我们总是会受到他人的影响。他人的存在会让我们的能力表现得更好或更差，而具体效果取决于我们做的是不是擅长的工作。他人微小的违反社会规范或者是不道德的行为，有时也会影响我们做出不道德的行为。

# 结语

读到这里，本书的第三章告一段落。在这一章里，我介绍了环境对人的行为、决策的显著影响。这里包括选择框架的设计、物理环境的特点以及社会影响力，也就是他人对你的影响。其实环境对人的影响还体现在很多其他的方面。

最后，我想问问你，你还能想到其他会对你的行为产生影响的环境因素吗？它们是如何影响你的行为的？接下来，我们将跳出现有的决策，看看我们的大脑如何处理"过去"和"未来"。

## 行为小锦囊

在了解了这些社会影响力的表现之后，我们应该如何做呢？在这里我想提几点建议：

首先，如果你在做你擅长的事情，可以考虑通过加入他人的关注和参与，激发自己更大的潜力，从而让自己有更好的表现。当然，如果在做的事情是你不擅长的，或者还在起步阶段，你就尽量给自己争取独处的空间。没有独处空间，就需要锻炼自己尽量不受外界干扰的定力。就像我很喜欢的一句话——"跳舞吧，就像没有人看着一样"。

其次，"破窗效应"告诉我们，第一扇被打破的窗户如果不及时发现，尽早补救，就会带来更大的破坏。同样，最早做出违反社会规范行为的那几个人，如果不被制止，也会导致更多的人做出相似的不道德行为。所以，如果你是一个公司的老板，一个部门的负责人，一家之主，或者一个组织的领导者，**不要忽略那些微小的不良行为，这些不好的苗头恰恰是需要及时被发现和纠正的**。否则，社会影响力会让这样的不良行为传播、扩大，造成巨大的影响。当然，我们每个人也有责任不去做第一个打破玻璃的人，而应该让自己成为正向的影响力。

**最后，加强社会规范的作用。**这一点需要全社会的参与，政府、媒体、教育机构等，只有当讲文明、懂礼貌、尊重他人、保护环境这样的社会规范成为人们心里一个根深蒂固的理念的时候，大家才不会那么容易受到他人不良行为的影响，也不太可能成为不良行为的示范。

我们的大脑如何处理"过去"和"未来"?

大脑并不像一个"录像师",如实记录过去每一个环节,而更像是一位"剪辑师",只记录关键点,并不在乎时长。为了讲一个好的故事,它的精力更多地放在了事件的高潮和结尾之处。

第四章

我们如何
记忆过去

# 大脑如实记录了全部经历吗

从这一节开始，我们将会了解人们在记忆、评价过去发生的事情时发生的一些有趣的现象。相信大家都有过这样的经历，当别人问起过去的旅行经历，你第一时间想到的多是一些精彩瞬间，如在海边看日出、登顶泰山主峰、在游乐园里坐惊心动魄的翻滚过山车等。但当有一天你想坐下来整理旅行攻略时，你会突然发现，原来那些光鲜亮丽的经历中还有很多自己都已经忽略、淡忘、觉得无聊，甚至会让人无比恼火的细节。比如为了坐翻滚过山车，排了至少两个小时的长队；为了听一场演唱会，不得不从黄牛手中买了高价票。

同样，如果你身边有一对夫妻走到婚姻的尽头，你听到的估计多半是他们对彼此的否定，他们都觉得对方一无是处，后悔当初看错了人。但如果你有一个时光录像机，能回顾过往的每一幕，你或许会发现其间不乏美好的时刻，但人们选择只记住中间不好的感受以及糟糕的结尾。

# 峰终定律

当然，这样的例子还有很多。对此，我们会意识到，我们的大脑对于过去经历的记忆，并不像是一个"录像师"，会如实记录每一个环节，然后把每一环节的感受加在一起，形成对一段经历的整体判断。相反，它更像是一位"剪辑师"，或者是一个故事的"导演"。它只记录关键点，并不在乎时长。为了讲一个好的故事，它把精力更多地放在了事件的高潮和结尾之处。

这就是 2002 年诺贝尔经济学奖获奖者——也就是我之前提到多次的心理学家——丹尼尔·卡尼曼提出的**峰终定律**。"峰终定律"顾名思义，指的是**对于过去的经历，你通常能记住的就是最高点以及终点的感受**。这个最高点可能是很快乐的情景，也可能是非常痛苦的场景。而这个过程中的其他信息，以及这段经历的时长，都会被淡忘掉，也不会影响你对这段经历的整体评价。

卡尼曼和他的合作伙伴通过一系列的实验证明了峰终定律的普遍性。其中有一个很经典的实验发表在《痛》这份杂志上。听标题你就可以理解，这份杂志主要发表一系列和痛相关的研究。这个研究也和痛苦的体验相关。

不知道你是否听说过结肠镜检查，在那个检查里，医生会将一根导管插入患者的肛门内，通过内窥镜查看肠道的病变，并且在肠镜下进行某些治疗。这项检查现在已经可以在完全无痛的情况下进行，但在 20 世纪 90 年代，这项检查还是相当痛苦的，而卡尼曼的研究就是在那时展开的。

卡尼曼和一位医学院的教授一起设计了这个实验，并对 154 位准备接受这项检查的患者进行了测试。每位患者在接受检查的过程中，都会手持一个类似鼠标的设备，通过它在电脑屏幕上指出当前的痛苦程度。患者每 60 秒钟会被问一次，每次都要在 0 到 10 之间打分，分数越高，代表疼痛感越强。

这个实验最特别的一点是，这项检查在每个人身上花的时间不同，而且差异很大。最短的只有 4 分钟，最长的有 67 分钟。在检查结束后的一个小时，研究者又让每位患者回顾一下刚才的检查经历，并对整个过程中所感受到的总体疼痛做出评估。也就是说，在这个实验中，研究人员对每一位患者都收集了两种感受的信息：一个是在检查中的感受，也就是每 60 秒一次的提问，这些即时感受的平均值就是他们在检查中感受到的平均痛感；另一个是在检查结束后，过了一段时间，他们回顾之前的经历，然后给出的记忆中的疼痛感。

那我想请你猜一下，患者在这两个评估中给出的疼痛感评分会一样吗？

为了回答这个问题，请想象一个具体的情景：有两个患者接受这项检测，A 和 B。

在检查过程中 A 和 B 给出的最高值相差不多，都是在 8—10 之间。但不同的是，A 的检查持续了 8 分钟，而 B 的检查持续了 24 分钟。同时，在检查结束前的最后一次评估中，A 给出的疼痛感是 7 分，而 B 给出的是 1 分。

也就是说，A 是在很痛的时候结束检查的，而 B 是在相对缓和的情况下结束检查的。那么对比 A 和 B，你觉得谁体验了更多的痛苦？毫无疑问，是 B。他检查了整整 24 分钟，是 A 检查时间的 3 倍，中间最痛苦的感受也和 A 差不多。如果问我，我也会说 B 的经历要更加痛苦。如果让我选，我一定会选 A 的那个检查程序，毕竟只有

8 分钟。

但一个小时以后，当我们问 A 和 B，刚才的体验有多痛苦，你知道谁给出的分数更高吗？

结果显示，A 觉得更加痛苦！

作为旁观者，我们会坚定地认为 B 更痛苦，但当事人 A 反而在回忆时觉得更痛苦。我们通常都说，长痛不如短痛，但是在这里，长痛战胜了短痛。

为什么？

因为 A 的检查时间虽然短，但他的检查是在最痛苦的时候戛然而止的。而 B 检查时间虽然长，但是结尾的时候很温和，让他似乎感受不到痛苦。而终点的感受是影响记忆的重要节点，所以虽然 B 客观事实上经历了更多的痛苦，但因为结尾相对轻松，他回忆起来感受反而比 A 要好。

当然，这里我只是举了两个具体患者的情况，研究者根据所有患者数据的分析，得到了两个非常清晰的结论。

第一，患者在回忆时对疼痛感的评价与他们在最痛点时的感受，和结束检查时的感受紧密相连。检查过程中的最高点和终点越痛苦，他们回忆起来越觉得整个检查更痛苦。这个结果就是我上面提到的**峰终定律，最高峰的感受和结束时的感受会决定整体的感受。**

第二，患者回忆时的评价与检查的时长没有关系。这个现象在心理学上被称为"过程忽视"。也就是说，尽管这个检查在每个人身上花的时间相差甚远，但经历长时间检查的患者并没有在事后觉得更加痛苦。

也许你要问，为什么会这样？为什么我们的记忆不是一个录像师，而是一个剪辑师？为什么这位剪辑师只在乎高潮和结尾，而不在乎其他的细节，还会忽略过程？

这要再次回到我们之前讲到的双系统理论。在第一章中，我们了解到系统 1 喜欢新鲜、引发情绪的信息，而且系统 1 喜欢用简单的方式做判断。所以在体验一段经历的过程中，系统 1 在不知不觉中过滤掉了那些平淡、不重要的信息，只留下了峰值和终点的感受。这些信息被输入给系统 2，形成我们的记忆。

虽然系统 2 在正常情况下一定会说，希望得到尽可能短的痛苦体验、尽可能长的快乐体验，但正如上面例子所展示的，我们的记忆会让我们在当下做出相反的决定：你会选择一个时间更长的痛苦检查，只是因为在结尾处医生对你非常温柔；你也会选择一个短暂的美好体验，而放弃一个更长但结尾处略显平淡的美好经历。

# 结语

过去的很多信息都会被忽略、遗忘，能留在我们脑海里的往往只是某段经历的峰值和终点。这就决定了当我们以记忆为基础，对当下和未来做出判断的时候，我们经常会做出错误的判断。但这个硬币的另一面提示我们，如果想要打造美好的体验，你需要做的往往不是把每个环节都做到最好，而是一定要有高峰点以及美好的终点。

读到这里，我想问问你：你是否发现在生活中会重复犯同样的错误？如果是，请你想一下，每次错误经历后你是如何记录这件事情的？记忆和当时的体验是否有很大差距？当你了解了峰终定律，你是否有新的想法去改进你正在做的一个产品或体验？

## 行为小锦囊

记忆过程中的峰终定律，对我们有什么启发？

你需要明白，我们感觉到的记忆中的真相并不是我们每时每刻的真实感受，而是我们选择记住的片面内容。记忆是片面的、不完全客观的，它也时常会把我们引入歧途。一段不合适的感情，或许因为过程中有特别浪漫的经历，分手时还有一些美好的感受，于是你的记忆把它归纳成了还算成功的感情，导致你好了伤疤忘了疼，反反复复、藕断丝连。于是你会发现，同样的错误在重复出现。

那么到底该怎么做？是该努力优化我们的记忆，还是尽量关注每时每刻的体验？其实这是一个很难回答的问题。记忆是很难被控制的，我们决定在记忆的长河里留下什么，扔掉什么，很大程度上是在不自觉中完成的。但你需要意识到的是，记忆并不代表生活的全部真相。如果对真相没有那么在乎，那你其实无须做任何改变。但**如果你有兴趣了解生活的真相，就需要调动系统 2，留意和记录每时每刻的感受，并时常反思。**

在这里，我想多谈谈"反思"这个话题。很多人不喜欢反思，觉得累，没必要，但其实很多研究发现，能主动并经常反思的人会成为更好的领导者，也更可能规避相同的错误。反思让你暂停下来，重新审视过程中的每个细节，从多个视角去考虑，得出不同的结论。

在这个过程中，你也会修正你的记忆，使得它能更好地为当下以及未来做出决策。就像决定一份工作的去留，你不仅要考虑其中的巅峰体验，还要仔细想一想，在从事这份工作的每一天里你的感受如何。同样，当你想要冲动地结束一段婚姻关系，你最好能冷静下来想一想，除了最近那些不愉快的经历，在这份感情的大部分时间里，你到底有什么样的真实感受。

当然，运用峰终定律也可以帮助你设计更好的体验。体验无疑是当下一个热点的话题。如果想打造一个美好的体验，让他人在一次体验之后记忆犹新、念念不忘，还想再来，就可以考虑在峰值以及结尾处下功夫。如果你也喜欢听故事、看电影，就会发现好的故事都有一个共同特点，那就是情节会跌宕起伏，一定有高潮，足以打动你。而且往往高潮后不久就会出现结局，因为终点离这个最高点越近，故事给你的印象就会越深刻。如何设计这样的时刻，值得仔细思考。想必你也能更好地理解为什么每次旅行结束前的那顿晚餐尤为重要，一个故事的结尾是成败之笔。

# 记忆真的值得信赖吗

不知道大家生活中有没有听说过这样的人：有的人多次家暴，每次事后他都真心忏悔，但是下次他还是犯同样的错误；有的人总是欺骗他人，虽然他明知道这样做不好，也觉得不应该这么做，但总是改不了；更有甚者，有些看起来品德很好的人，却一次又一次地公款私用，收受贿赂，给社会带来巨大损失。类似的新闻我们经常会在媒体上看到，涉及政治、经济、商业、体育、教育等你能想到的几乎所有的领域。这些行为无疑给社会带来了极大的危害，自然也引起了学术界的关注。

大家都很关心一个问题，**为什么人们在明知道不对的情况下，还会不断去做不道德的事情？**大部分人都自认为是诚实、遵守道德准则的，如果你做了一次不道德的事情，即使没有被发现，你心里也应该会觉得愧疚、后悔、自责，这些不好的感受应该阻止你下次再犯同样的错误，但为什么没有出现这样的结果？

## 动机性遗忘

这一节我想给大家介绍人脑记忆的另一个重要特点——动机性

遗忘。这个词听上去比较复杂，简单而言，就是**人们有动力去忘记一些过去发生的事情**，即使他们能够想起，这些行为的细节也会变得模糊。

这种遗忘有选择性。人们不大会忘记过往诚实、令人骄傲的行为，而更愿意忘掉过去做过的不好的事情，比如说不道德的行为。心理学家认为，之所以会这样，是因为每个人都希望保持自己诚实、有道德的正面形象。但是在实际生活中，有些人又抵挡不住诱惑，做出让自己深感愧疚的事情。面对这种认知和行为上的差距，他们会觉得很不舒服。于是，他们就有动力不去想那些行为，或者忘掉那些行为的细节，这样他们还可以继续认为自己是一个正人君子。

事情真的如此吗？有两位学者在2016年发表了一篇文章，介绍了他们怎样通过一系列巧妙设计的实验证明了动机性遗忘的存在。

接下来，我将介绍其中一个最触动我的实验。

在实验的开始，有200多人参加了一个掷骰子的游戏。这些参与人员被随机分配到了两组。其中一组，我们叫它"可能作弊组"。这组人在游戏过程中，有机会通过作弊的方式提高自己的表现，从而获得更高的现金奖励；另外一组，我们叫它"不可能作弊组"，顾名思义，这一组里的游戏设计非常严谨，使得他们没有机会作弊。换句话说，我们随机给一部分人欺骗的机会，而另一部分人并没有这样的机会。做完这个游戏，参与人员就可以离开了，但被告知要在三天之后回到实验室，参加这个实验的第二个环节。三天之后，大家又回到实验室，完成了两项任务。第一项任务是让他们回忆三天前的那个掷骰子游戏。

此时，一件有意思的事情发生了。研究者发现，有作弊机会的那组人员对三天前那个游戏的记忆明显更加模糊、更不具体。他们似乎忘了很多细节。

但更有意思的是，在完成这个回忆任务之后，每位参与人员需要在电脑上完成另一个智力任务。在这个任务中，他们需要回答 10 个小问题，答对的题目越多，能获得的现金奖励也就越多。问题会逐一显示在屏幕上，每一个问题参与人员都要在屏幕上选择是否已经成功解答，做完这个选择，才能点击到下一道题。但参与人员只需要选出是否已经想出答案，而不需要真正写下答案。

因为不需要提供具体答案，这个任务的设计让参与人有机会通过欺骗的方式挣到更多的钱。那么研究者怎么知道参与人员到底有没有骗人呢？这恰恰是实验设计巧妙的地方。这 10 个小问题中的第三个问题，是一道之前无人能解答的题目，所以如果参与人员标注想出了答案，那很大可能说明他是在说谎。

实验结果如何呢？首先，结果告诉我们，参与实验的人中有一大半的人声称他们解出了第三道题。这的确证明了一个很悲观的现实，就是大部分人在有机会以欺骗的方式获利的时候，都很难抵抗诱惑。但更值得关注的是，那些在三天前掷骰子游戏中有可能作弊的人，在这次的智力任务中也更有可能作弊。换句话来说，当你之前有过通过欺骗获利的行为，那么遇到新的类似的机会时，你也更有可能欺骗。而且研究者还发现，第一次的作弊行为导致那些人更有可能模糊他们在那个游戏中的不诚实行为，而这些模糊的记忆，也让这些人在第二次的任务中做出了更多的作弊行为。

这个研究还得出一个很有意思的结论：**我们的记忆采用的是双重标准**。对于我们自己过往的不道德行为，我们努力不去想它，淡化它，模糊它，甚至忘记它。但是对于他人的不良行为，我们通常会记得很清楚。

看到这里，你或许就能明白，为什么人们在明知不对的情况下，会一次又一次地欺骗，做不道德的事情。这是因为我们会主动不去想那些让我们觉得惭愧、自责、与我们自认为的美好形象不符的细节，于是随着时间的流逝，这些原本可以阻止我们再次犯错的感受就淡忘了，记忆也模糊了，当下次同样的机会出现、诱惑来临的时候，你也就会毫不犹豫地重蹈覆辙。

当然，人类进化到今天，我们的记忆呈现这样的特点，也有它有利的一面：它让我们忘记过去不好的感受，能让我们感觉更好、更轻松。但这也会让人们付出很大的成本，它会让人重复犯错，甚至犯更严重的错误。

## 结语

读到这里，我也想请你认真地想一想：你会有意淡忘难以启齿的过去吗？它会对你有什么影响呢？你会经常反思吗？

### 行为小锦囊

明白了记忆的这个特点，我们能做些什么？

**反思，反省**，这个建议同样适用于规避动机性遗忘。我们的大脑对过去发生的事情进行选择性记忆，而且还会扭曲事实，但我们又如此依赖记忆，要根据以往的经验和感受做出当下以及未来的决策。这就需要你能有意识地经常反思自己的行为。

但反思并不容易，尤其是对以往羞于启齿的事情，反思是一件很痛苦的事情，因为你需要一次次把那个虚假的面具摘下来，面对真实的、有可能是让你厌恶的自己，一次次扒开那些旧的伤疤，再次感受惭愧、挫败、羞辱的情绪。这些当然很难做到，我也做不到，毕竟人都是追求快乐、逃避痛苦的。但如果你留心身边那些令你尊敬的人，他们往往具备这样的素质。这个过程虽然痛苦，但不断的反省会让你记得那些痛，减少下次犯同样错误的概率。卧薪尝胆、吾日三省吾身，其实讲的就是这一道理。

以前，我读过法国著名的哲学家和思想家卢梭写的《忏悔录》。这本书记录了他自己的一生，以及他在种种不同境遇中的内心感受。在这本书第一卷的开篇，卢梭写道："我正在从事一项前无先例而且今后也不会有人仿效的事业。我要把一个人的本来面目真真实实地展示在我的同胞面前；我要展示的这个人，就是我。"的确，如果你有机会读这本书，定会深受震撼。卢梭是近代最具影响力的哲学家之一，却能如此真实地向世人展示自己的本来面目，毫不掩饰其丑陋的一面。比如说，他年轻的时候曾经偷过主人家的一条丝巾，被发现后却栽赃给家里的女佣。他不仅把这个过程中的细节描述得栩栩如生，而且为此后悔一生。直到晚年，每当想起这件事，他都会觉得心生愧疚，彻夜难眠。或许我们做不到像他一样，将自己阴暗的一面暴露给别人，但我们是否可以努力反省自己，做到对自己真实？不要让那些不道德的过去很快被淡忘掉，而是要时时想起。虽然难受，但这可以增加我们抵抗诱惑的能力，争取下次不再犯同样的错误。

不管是对未来要完成的事情
过于乐观的规划谬误，还是对自
己的各种方面的过度自信，或是
对未来发生的事对自己的情绪产
生的影响的预测——我们很难对
自己的未来做出客观的预测。

　　如何规避这些谬误？怎样才
能做出更好的预测？

第五章

我们如何预测未来

# 为什么计划总是不能实现

在生活中，我们经常规划未来，为未来制订计划。就像我在准备整理这本书的同时，也在和三位合作伙伴一起写一篇文章，这篇文章是基于我们在两年前做的一个田野实验，通过实验我们得到了一些很有意思的结论，然后准备写成文章投稿。在开始写作的时候，我们几个人预测了需要的时间。当时大家觉得数据结论都已经很清晰了，文章的思路我们也有了雏形，估计一两个月能写出初稿，然后修改几轮，最多3个月也就能投稿了。

但你能猜到我们最终花了多长时间吗？整整半年！到最后还是因为杂志对投稿有截止日期要求，我们才被迫在截止日期当天把文章投了出去。

这样的例子我还能举出很多，想必在你的周围也并不少见。你或许也会在每年年初给自己制订新年计划，比如坚持每周至少去一次健身房，每个月读一本书，等等。但这些当时看上去似乎很合理的计划，真正完成的比例却很低。这就是大部分人到了年中、年底的时候就不再提年初的计划，然后第二年再重新制订计划的原因。

这样的例子不仅仅限于个人，也会出现在组织和国家对未来的规划上。2008 年，奥运会在北京成功举办。为筹备这次国际盛会，中国在 2001 年做的第一版预算是 16.25 亿美元，2007 年第二版预算是 20 多亿美元。最后，2009 年审计署的审计报告显示，实际支出是 22 亿美元，超出第一版预算 1/3 以上。

# 规划谬误

我们生活中的这些例子都指向同一种倾向：对于未来需要完成的事情，人们往往会做出过于乐观的预测。即使我们一次次地发现计划赶不上变化，但以往的经验似乎并不能让我们在下一次做预测的时候变得谨慎。

这个现象在行为心理学里被称为"规划谬误"。卡尼曼和特沃斯基，也就是最早提出这个概念的两位心理学家，认为规划谬误的一个重要特点就是**人们对于未来的计划和预测会不切实际地接近于最理想的状态**。我们在规划的时候，觉得未来一切都会按自己的计划进行，而忽略过程中可能出现的各种各样的困难，以及不可预测的变数。

我们对未来的预测到底有多大程度的偏离呢？

有一个实验向我们展示了规划谬误到底有多大的偏差，以及它产生的原因。研究者询问了一些大学生，让他们预测自己需要多少天能完成期末论文。实验中，这些大学生被随机分为三组：

实验人员让第一组学生每个人尽可能精准地预测完成论文需要多少天。

而对于第二组学生，实验人员让他们想象，如果一切都按设想的计划顺利进行，完成论文需要多少天。

第三组的设计更有意思，实验人员让学生们想象，如果一切完全没有按计划进行，过程中会出现各种意想不到的阻碍，完成论文需要多少天。

于是我们得到了这三组人对完成论文需要时间的预测。

第一组，也就是被要求做出尽可能准确的预测的学生，预测的完成论文需要的时间平均是 34 天。

第二组，也就是被要求做出最乐观的判断的学生，给出的预测时间平均是 21 天。

第三组，也就是被特地要求想一下最糟糕的情景的一组，学生们给出的预测时间平均是 49 天！ 34 天、21 天和 49 天，三组的预测出现了巨大的差异。

但这个实验最精彩的地方在于，实验者最后收集了这些学生最终完成论文所花的时间。你能猜到真实的平均值是多少吗？ 56 天。也就是说比最糟糕的预测还多了 7 天，比最乐观的预测更是多出了 35 天！可见人们对未来的预测会呈现过度乐观的倾向，而这种倾向会让我们的预测产生很大的偏差。

那么我们为什么会出现规划谬误，对未来要完成的任务过度乐观呢？心理学家发现，这主要是因为**我们会忽略过去的经验**。

换句话说，人们很难从失败中汲取教训。预测是对未来的判断，它将你的关注点聚焦在未来而不是过去上。这样一种往前看的心态会阻止你回顾过往的经历，尤其是那些不准确的预测。更何况，我们的大脑在形成记忆时也会出现动机性遗忘，对于那些让你有挫败感的经历，比如没有完成的事情，我们的记忆会将它淡化，甚至抹去。于是，过去的经历也就很难为我们将来的判断提供宝贵的信息。

**人们是不是对所有的预测都会呈现过度乐观的趋势呢？**

其实不然。上面讲到的这个研究里通过另外一个巧妙的实验，发现我们对自己未来的预测会过度自信，但是对他人的预测并不会有这个倾向。相反，我们大概率还会做出相对悲观的预测。

为什么？数据显示，当我们对自己的未来做预测的时候，满脑子想的都是将来如何按设想好的计划一步一步实现目标。但当我们对他人的未来做预测的时候，则会采用更全面的视角，会考虑到这个人以往的表现，过去是否能按时完成任务，以及在过程中可能遇到的困难。因此，在对未来进行预测时，我们总是宽于对己、严于待人。

# 结语

乐观，甚至是过度乐观，有它存在的原因和价值。在很多时候，面临困境和挑战，乐观的心态能让你有继续前行的勇气。它同样也是创业者身上一个普遍具备的素质。但就像一个硬币的两面，过度乐观会让我们对未来的预测出现规划谬误，可能会引导你做出将来后悔的决策，并因此付出超出你想象的成本。

看到这里，我想问问你，你如何看待规划谬误这个现象？对你自己未来的判断，你会有过度自信的倾向吗？它有没有给你带来很糟糕的结果？期待聪明的你能有所收获和改变。

## 行为小锦囊

规划谬误是一个非常普遍的现象。**我们怎样做才可以减少规划谬误、克制对自己未来预测的过度乐观？**

在这里我想提三点建议：

首先，**参考自己以往类似情况的数据来做出对未来的预测**。前面提到我们对未来做预测的时候，通常只关注远方的星辰大海。但如果你能调动系统 2，在做出预测之前先想一下上一次类似的情况，就会发现实际完成的时间多数大于预想的时间，你也就有可能做出相对谨慎也更客观的预测。当然，这需要自省，需要调动系统 2，它并不是自然而然发生的。

其次，**多关注外部数据**，也就是他人的意见。人们总是倾向于关注内部意见，包括自己的主观判断、自己人的意见，但排斥甚至都想不到寻求外部的意见。这里我想给你提一个建议：要养成习惯，有意识地寻找和应用外部的意见。

还记得我们之前讲过的锚定和调整启发式吗？我们可以将它用于对未来的预测。假设你需要对房屋装修做一个预算，那你可以先了解一下你们小区装修的平均单价是多少，这个基础数据可以作为你预算的锚点，然后基于你的情况的特殊性，再在这个锚点上做出一定的调整。

上面两点建议都是针对个人的，但我提到的规划谬误不仅体现在个人身上，也会体现在组织机构上。对于一个组织，比如一家企业，在投资预算过程中如何尽量规避规划谬误？答案是依据科技，依靠大数据的力量。人为的判断，尤其是系统 1 的冲动，会自然而然地让我们做出过度乐观的预测。但如果在组织中形成数据分析体系，根据以往数据以及外部的数据做出对未来的预测，就更有可能减少预测的偏差。

# 镜子里的我能打几分

在开始这一讲的内容之前，请你认真看一看镜子里的自己，你觉得自己的相貌大概处于什么样的水平？从 1 到 10 打分，你会给自己打几分呢？

也许你对自己的相貌很有自信，也许你会对打分有点保留。但是心理学家告诉我们，我们大部分人对自己相貌的评价其实都比周围其他人对我们的相貌评价更高一些。除了觉得自己比别人更美，很多时候我们还会觉得自己比别人强，呈现出过度自信的趋势。

那么自信和过度自信有什么区别呢？

自信是充分承认自己的真实能力。而过度自信体现在，大部分人都会觉得他们在很多维度上比一般人要更好，也就是心理学提到的"比平均值好"的现象。

## 过度自信

心理学家艾利克（Alicke）在 1985 年的一篇文章中提出了这个现象。他给参加实验的大学生展示了一系列性格特征，这些特征有些是好的，比如有责任心、可靠、值得信任等，也有些是不好的，比如爱骗人、懒惰、自私等。这些学生要在每一个特征上给自己打分；同时他们还要给大学生这个群体的平均值打分，也就是说每一个特征在多大程度上可以描述一个典型的大学生。

结果发现，对于那些好的特征，人们给自己打的分数要高于其他大学生的平均水平，但对于那些不好的特征，人们给自己打的分数要低于平均值。这个现象后来又在其他领域得以复制，比如大部分企业高管都认为自己的能力高于平均值，足球运动员普遍认为自己的球感胜过他们的队友，人们觉得自己得癌症等疾病的可能性要低于他人，等等。

请你回忆一下，你是不是也曾有过类似的想法？如果你也深有同感，那么你也许会问，我们所有人过度自信的程度是一样的吗？有没有哪些人更容易过度自信呢？

克鲁格（Kruger）和邓宁（Dunning）两位心理学家在 1999 年发表了一篇很有影响力的文章，对这一现象进行了进一步的研究。他们不仅复制了之前的结论，即大部分人会呈现过度自信的趋势，**更重要的是他们发现这种过度自信在能力差的人群中尤为凸显。**也就是说，越是能力差的人越会高估自身的能力。

在其中一个实验中，一些学生被要求完成 20 道题目，以测量他们的逻辑分析能力。而这些题目是有标准答案的，所以可以衡量出每个人的真实水平。做完之后，研究者让每个学生估计一下他们的逻辑思维能力相对于同班同学是在什么水平。

结果如何？学生们对自己能力判断的平均值是 66%，也就是说平均一下，每个人都觉得自己的逻辑分析能力要高于 66% 的人。这显然是有问题的，明显高于 50% 这个真实的平均值。

133

更重要的是，这个偏差主要是由表现最差的那部分人导致的。研究人员根据每个人的实际成绩把学生分成了四组，成绩最差的那组人也是对自己能力高估最多的人。虽然他们的实际成绩只超过差不多 1/10 的被测试者，他们却认为自己的能力超过了 2/3 的测试者！而表现最好的那 1/4 测试者，反而略微低估了自己的能力。这个现象后来也被称为"邓宁－克鲁格效应（Dunning-Kruger effect）"，也就是以这两位学者的名字命名的现象，特指越是能力差的人，越会高估自己的能力。

为什么人们会普遍高估自己的能力以及好的特性，而且这种倾向在表现差的人群中会更加凸显？学者们给出了各种解释，其中一种解释是，人们希望自己拥有好的特性，这样的动机会让他们扭曲事实。除了动机之外，还有一个更让我觉得有价值的解释就是，对于实际水平低的那些人，他们表现差是因为能力的匮乏，但与此同时，这种能力的缺失也使得他们无法辨别什么是好的表现，所以看不到自己的无能。而且即使周围有比自己能力强的人，他们也无法通过对比看到自己的缺陷，从而调整对自己的判断。

为了证明这一点，在另外一个实验中，这两位心理学家把测试分成了两个环节。第一个环节和之前一样，让人们做一些测试，然后预估自己相对于其他人的水平。如前面所讲，人们对自己水平的平均估值显著高于 50%，而最大的高估体现在表现最差的那 1/4 被测试者中。但这个实验中还加入了巧妙的第二个环节，就是在过了一段时间后，把表现最差的那 1/4 被测试者和表现最好的 1/4 被测试者再次叫回实验室。这次，实验者让他们先给其他人之前完成的测试打分，也就是给这些人一个了解其他人水平的机会。之后，实验者再次让这些人对自己之前的表现进行评判，相对于其他人，你觉得自己在什么位置。

结果发现，能力差的那些人无法准确评判其他人的答卷，对自己的评价也没有发生改变，仍然是严重高估自己的能力。但表现好的那些人在给其他人判完分后，意识到其他人不如自己，于是上调了对自己的预估，也更符合真实的结果。这说明，表现差的人，不仅没有能力做出更好的答卷，也没有能力辨别什么是好的表现，所以无法看到自己的无能，于是体现出过度自信。

那应该怎么办？聪明的你也许已经想到了，**要想让缺乏能力的人更加客观地评价自己，首先需要让这些人提高能力，能辨别什么是好的表现。**于是在最后一个实验中，这两位心理学家把表现最差的 1/4 被测试者分成了两组，并给其中一组进行培训，通过有效的训练提高了他们的逻辑分析能力，然后再让他们对自己之前的表现做出判断。这次，这些人明显降低了对自己之前表现的判断——虽然仍然高于他们的真实水平。

这里我只是选取了一篇文章中的实验，来证明人们往往高估自己的能力，而且越是能力差的人，过度自信的倾向会越明显。除此之外，还有研究发现，自认为有权力的人，也会呈现出过度自信的倾向。这也是我们看到很多成功人士在功成名就之后更容易有较为狂妄的表现的原因。

## 结语

人们普遍会对自己的能力表现出过于自信的趋势。虽然自信是个好的特性，但过度、盲目、高傲的自信，会给你带来诸多负面的影响。因此，我们要常常自省，客观审视自己。从别人眼里看自己，对未来做判断时，不仅要关注内部也就是自己的想法，更重要的是要关注外部的意见。因为他人的意见往往不带有太多感情色彩，也更客观。最后通过具体的努力提高自身能力，这样也就能做出相对客观的判断。

最后，我想问问你：你觉得自己是一个过度自信的人吗？体现在哪些方面？在了解过度自信的真相后，你有什么具体的想法去改进吗？

## 行为小锦囊

有不少研究证明，对自己有清晰的认知会带来很多好处，包括更亲密的关系、更好的工作表现以及更有效的领导力。**但如何才能让我们看到客观的自己？**这里我想基于大量心理学的研究，给大家几点建议：

第一，**多问问别人**。我们通常是戴着具有美颜功能的眼镜看自己，难免会有偏颇。但我们周围的人——家人、朋友、同事往往会看得更客观。组织心理学里有大样本的研究发现，同事比自己能更准确地判断我们的个性如何影响我们的工作表现。当然，客观批评的话并不好听，如果你是一个听不进意见的人，周边的人估计也不愿意告诉你，费力还不讨好。所以，我们首先要有一个开放、平静的心态，无论是在家庭中还是工作中，都要创造一个友好、放松、能说真话的环境，通过频繁的交流，从别人身上了解到客观的自己。

第二，**记日记，经常反省**。反思，即从自己的经历中更准确地了解你自己。上次的任务你完成得到底怎么样？为什么你觉得比你差的同事反而比你做得更好？到底哪些方面是我的强项，哪些是我的弱点？能剖析自己本身也是一种修炼。这也会给我们自己建立一个资料库，不定时去思考总结，从而更加了解自己。

第三，也是最重要的，是意识到大多数人，包括你和我，都有过度自信的倾向，而这种倾向在能力本来就差的人身上会更为严重。这好似一个循环逻辑，如果我们想更客观地认识自己，首先要提高辨别好与坏、高与低的能力，而这种能力只有通过不断地学习才能获得。而提高了辨别能力，我们自身的水平也自然而然地得以提高。在此时，积极行动、主动学习会发挥重要的作用。

组织心理学家塔莎·欧里希（Tasha Eurich）教授做了一系列实地研究，她发现很多人在经历挫败后，虽然能调整对自己的评价，但却陷入追究原因的旋涡。为什么我的奖金比他少那么多？为什么我和孩子、伴侣没有自己渴望的交流？为什么我的工作让我觉得毫无意义？当然思考"为什么"是件好事，但遗憾的是很多事情背后的原因往往并不清晰，或者是在潜意识里我们意识不到。于是我们或者陷入无限纠结之中，或者创造出新的理由。欧里希教授发现那些能够成功提高自我认知的人（其实并不多）都有一个共同点，就是他们并不沉溺于一味地问"为什么"，而是更多地思考"能做什么"去改变现状。我能做什么让我明年拿到更多的奖金？能做什么让我和家人有更高质量的交流？能做什么让我觉得工作有意义？虽然这只是一个思维方式上的变化，但这一点点变化，从思考"为什么"到"能做什么"，或许可以让我们更快地行动起来，提高自身的技能，从而也能更客观地了解自己。

# 我们能预测未来吗

请你先想象一下下面的两个情景：

情景一：你千辛万苦终于追求到了心爱的人，并要在半年后携手走入婚姻的殿堂，你觉得那时你会有多开心？这种兴奋会持续多久？

情景二：你意外车祸，导致高位截肢，你觉得你会有多绝望？那种痛苦的感觉会持续多久？

之所以让你设想这两个情景，是因为我身边就有这样的真实案例。我的一个朋友千辛万苦追求到了他梦寐以求的女生，他当时兴奋不已。但好景不长，过了不到两年，就没什么消息了，后来才知道两人很快有了矛盾，不久就分手了。

另外一个是我在长江商学院招进来的第一位坐轮椅的学生。她叫唐占鑫，是北京新起点公益基金会的创始人，也在中国大陆成立了第一个脊髓损伤者希望之家。这位从小品学兼优、在德国拿到硕士学位的好学生，在硕士毕业旅行途中因车祸导致脊髓损伤，下半

139

身瘫痪。

试想一下，如果是你，你当时会有怎样的感受？占鑫被这一致命打击击垮，极度消沉，自我封闭，觉得自己这辈子完了。但没有想到的是这段低谷并没有持续太久，家人的关爱和鼓励给她带来了改变的勇气和决心，让她不仅再次露出笑容，而且还帮助像她一样不幸的小伙伴走出阴影。如果你见过占鑫，就会发现她是一道光，能感染周围所有的人！

# 结婚之后你会更快乐吗

这样的例子还有很多，他们都说明一个现象，就是人们往往不能准确地预测未来的事情对自己情绪的影响。无论是对于未来好的事情还是坏的事情，我们通常会夸大这些事情对我们情绪的影响。

这种夸大体现在两个方面，一个是强度，另一个是时长。对于好事，比如结婚生子、晋升、涨工资、中彩票、买新房，我们往往会高估这些事给我们带来的快乐，而且夸大这种快乐能延续的时间。同样，对于糟糕的事情，比如意外车祸、亲人去世、离婚、破产等，我们也会高估这些负面事件对我们情绪的打击，并且夸大这种痛苦情绪持续的时间。

为什么会出现这样的情绪预测错误呢？

心理学家们给出了各种各样的解释，我来分享两个比较权威的解释。

一种解释是，在预测未来情绪时，尤其是未来好的事情对情绪的影响时，我们只会专注于事件本身对情绪的影响，而忽略了在未来的那个时间点还会有其他事情发生，它们同样也会影响我们的情绪。因此我们会高估单独一个事件对情绪的影响。

举个例子，想到结婚生子，你会聚焦在那些美好的时刻，婚纱照、教堂婚礼、宝宝诞生等，但你忽略了在这些高光时刻的同时也有很多其他的事情在同步发生。比如两个生活习惯不同的人要居住在一个屋檐下，共用一个卫生间，协调两边的老人；宝宝出生后，你会在很长时间里睡不了整觉，疲惫不堪。与此同时，虽然你的家庭生活美满，但工作上可能遇到不顺，等等。这些没有被考虑到的事情会让你的真实感受逊色于你之前的预期。

**另一种解释是，导致情绪预测错误的原因在于我们会忽略自己的心理免疫能力，这个主要体现在预测未来糟糕的事情对于情绪的影响。**想到因车祸而截肢，因感情不和而离婚，心爱的家人离开人世，我们往往会觉得这些事会极大地打击我们的情绪，彻底改变我们的人生轨迹。但其实人类发展到今天，我们有强大的心理免疫系统，对于痛苦的事情、不幸的遭遇，我们会通过各种各样的方式去化解它、淡化它，从而让我们总体上感觉还不错。离婚虽然不幸，但我们会自我安慰：当时看走了眼，还好我及时脱身，长痛不如短痛；工作应聘被拒绝，我们会说被录用的人有关系，这本来也不公平。对于不好的事情，我们也会有动力忘掉它。忽略自身的心理免疫能力会让我们高估负面事件带来的痛苦感受。

## 结语

不知道你有没有发现，不管是对未来的规划谬误，对自己的过度自信，还是对未来的情绪预测，我们都很难对自己的未来做出客观的预测。如何规避这些谬误？我们可以参考外部意见，看类似项目的完成时间，以别人的眼光来评价自己的能力，听取他人之前的真实感受。而这样的行为并不会自然而然发生，因为我们很多时候的直觉反应是只听从自己内心的感受，却忽略外部的声音。

当你看完这部分内容，你是否对未来的预测开始有了一些新的看法？希望你能有意识地在预测未来的过程中，跳出自己的视野，主动寻找、借鉴外部和他人的意见，从而做出更好的预测。

## 行为小锦囊

看到这里，你也就明白了人们为什么不能准确预测未来事情对自身情绪的影响，而且这类情绪预测的错误似乎一直会重复出现。人们很难从过往的经历中学习，那怎么办？**我们能做些什么，可以使得我们对未来情绪的预测更准确？**

在这里，我想给你分享心理学的一个结论，那就是：准确预测未来情绪最好的方法，不是闭上眼睛，使劲想象你的未来，而是用一个截然不同的方法：问那些已经经历过类似情景的人的感受。虽然我们都觉得自己最了解自己，别人的感受不可能和我一样，但大量数据证明，你和大部分人没有太大差异。

这里我用一个有趣的实验来证明上述结论。哈佛大学的心理学家做了一个关于快速约会的实验：用5分钟时间和一个异性约会并做出判断。研究人员在大学校园里招募了一些大学生，并在实验前把他们随机分为每3人一个小组，每个小组里有 1 位男生、2 位女生。这些学生之间并不一定认识，只是同在一所大学。每个小组中的一位女生首先和那位男生进行 5 分钟的快速约会，然后女生对这个约会做出评价，评价她有多么享受这个约会。从 0 分到 100 分，分数越高，代表她越享受。这个评价也会成为第二位女生可以用来参考的他人意见。

实验的关键是每组中的第二位女生。首先，研究人员会提供一些关于那位约会男生的信息：一半女生看到的信息是这位男生提供的自我介绍以及一张照片，另一半女生看到的信息是组中第一位女生与这位男生约会后给出的评分。在了解完这些已提供的信息后，第二位女生需要预测一下，她如果和这位男生约会将会有多享受、多开心。

换句话说，第二位女生对于未来约会体验的预测，一种情况是基于这位男生的照片以及他的自我介绍，另一种情况是基于另外一位女生和这位男生约会的感受。在做完这个预测之后，第二位女生也同样会和这位男生进行 5 分钟的快速约会，并在结束后做出感受评估，从 0 分到 100 分，评价她有多享受这个约会。

通过上面这个巧妙的实验设计，研究人员可以计算出情感预测的差距，也就是第二位女生在约会后做出的真实感受判断，和她之前基于自我介绍和照片或者他人体验做出的预测之间的差距。这个差距越大，说明预测越不准。

结果如何？当预测的依据是男生的自我介绍和照片时，

情感预测差距明显更大。也就是说，依据另一位女生的真实感受而做出的对自己约会的预测更加准确，即使自己并不认识这位女生。但更有意思的是我们完全意识不到这一点，有75%的女生认为依据自己想象做出的预测要比依据他人的真实体验做出的预测更加精准！

这个实验的结论给人很大启发。之后又有一系列研究印证了相同的结论，那就是对于未来的情感预测，参考他人之前的真实感受，远比自己根据一些信息进行想象更精准。毕竟，你能想到的未来会发生的任何事情，估计都已经有很多人真正体验过。这些人就是未来的你。听取他们的感受，会帮你做出更精准的预测。但遗憾的是，我们并不了解这一点，于是也就会忽略他人的建议。

明白了这一点，我想给你提一个建议，在对未来事件做出情绪预测的时候，主动寻找并参考已经有过类似体验的人的评价，并用他人的真实感受引导你自己的预测。其实在很多领域，你已经在这样做了。比如决定晚上去哪家餐厅吃饭，我们会先上大众点评，看看其他消费者对不同餐厅的评价。决定周末晚上看哪部电影，与其看那60秒的预告片，不如看其他人的观后感。决定在喜马拉雅买哪些课，其他已经购买的听众的意见，会成为你决策的主要依据。

这个建议听上去似乎并不起眼，你也许会说，我已经在做了呀！其实，大多数时候我们很多重要的决策都是自己通过想象做出的预测。比如说寻找合适的伴侣，寻觅自己心仪的工作，我们很多时候都会忽略或者淡化他人有过的真实体验，因为我们总觉得自己是独一无二的，别人的感受不可能和我的感受一样。但大量数据证明，你并不独特，我们在很多事情上的经历和感受都很相似！

# 是不是越有钱越幸福

说到幸福,这是一个自古以来备受关注的话题。你觉得自己幸福吗?如果是从 1 到 10 打分,你会给自己的幸福程度打几分?你觉得什么能给你带来更大的幸福?假设你有魔法,能够得到三样任何你想得到的东西,你想要哪三样以让自己更幸福?

2012 年的时候,中央电视台播出了一个系列节目,叫"你幸福吗?"。节目组采访了各行各业的老百姓,他们给出了形形色色的回答,非常有趣。在看这个节目的过程中,我开始认真思考,到底什么是幸福?幸福是由什么决定的?中国人到底有多幸福?只可惜那个节目并没有给出一个结论或者具体的数据。对于一个喜欢做研究的人来说,这显然很难满足我的好奇心。于是我自己做了一些文献挖掘,还真发现了一些很有意思的结论。

联合国从 2006 年开始,每年都要做一份《世界幸福报告》,通过在全球 153 个国家的数据收集和分析,给每个国家的居民做一个名为"幸福指数"的评分,并进行全球排名。在联合国的这个调研中,最核心的问题是你对自己生活的满意程度。

问题采用的是从 0 分到 10 分的评价:

请想象有一架阶梯，每级台阶都标有数字，最低一层是 0，最高一层是 10。10 代表你最美好的生活，0 代表你最糟糕的生活。此时此刻，你认为自己站在哪一级台阶上？

根据联合国大数据的统计结果，2006 年中国人的平均幸福指数是 4.56，之后的几年略有起伏，但基本保持差不多的水平，最高点是在 2017 年时达到的 5.27，而在最近的 2019 年是 5.12。如果我把历年的数字连起来画一张图，你会发现这条线基本是平的，没有太大变化。至于在全球范围内的排名，总共有 153 个国家参与排名，中国的位置从最低时 112 名到 2017 年最高时排在 79 名，在 2019 年是第 94 名。

大家也许会发现一个很有趣的问题：为什么过去的 15 年中国经济发展了这么多，大家的收入也有明显的提高，但幸福感的提升似乎没有那么大？当然，这样的现象并不仅仅限于我们一个国家。美国同样如此，收入增加很多，但幸福指数并没有相应的提升。难道俗话说的"金钱难买幸福"是真的吗？

## 金钱是否能买到幸福

关于金钱和幸福的关系，心理学家曾经问一些年薪 20 万元的人：你们觉得一年挣多少钱才能让你真正快乐？这些人给出的答案平均值是 40 万元。

然后研究者又问了一些年薪 80 万元的人：你们有多快乐？按年薪 20 万元那组人的逻辑，这些人应该认为自己已经非常快乐。

但你猜他们怎么说？这些年薪 80 万元的人说，一年能挣到 200

万元，他们才会真正快乐！由此可见，人对金钱的欲望是没有止境的。这里的一个重要的原因是，在大部分人的观念里，更多的收入能带来更多的幸福。而我们的大脑，尤其是系统 1，会随时让我们去做那些使我们快乐的事情，因此很多人都在不停追求更多的金钱或者财富。

但如果大脑不清楚到底什么能给我们真正带来幸福，甚至掌握的是错误的信息，那岂不是很糟糕的事情？

心理学家通过一系列的研究发现，和很多人的观点一样，金钱的确可以提高幸福感，但这个作用是在一定范围之内。当你还没有解决基本的温饱，衣食住行还没有基本保障的时候，缺钱的确会让你经历痛苦和煎熬。此时，增加收入会显著改善你的生活状态，并提升你的幸福感。

但收入对于幸福感的积极作用并非简单的直线上升的关系，而是到了某个点之后，收入对幸福感的积极作用就不再明显了。也就是说，当收入到了一定程度，它就不会再提升你的幸福感。这个点就是所谓的"收入饱和点"。

你也许会问，这个饱和点是多少？为什么过了这个饱和点，挣再多的钱也不会给我带来更多的幸福？这是两个非常好的问题，我逐一给你解释。

关于第一个问题，收入饱和点是多少？我想引用 2018 年发表在《自然》杂志上的一篇文章来回答这个问题。这篇文章的作者通过在全球 164 个国家收集的 2005—2016 年的大样本数据，来计算全球范围内这个收入饱和点在哪里。

结果显示全球平均的收入饱和点是：家庭年收入 6 万美元，约合人民币 40 万元。当然这篇文章也针对不同地区进行了更为细致的分析，结论也比较直观：越是发达富有的地区，收入饱和点越高。同样，相对比较落后的地区，收入饱和点也会越低。比如在最富有的中东地区，饱和点是家庭年收入 77 万元人民币；在北美，收入饱和点是 46 万元人民币；但在非洲，收入饱和点是 24 万元人民币。我们国家所处的东亚地区，算出来的收入饱和点和世界范围内的平均值持平，是 40 万元人民币。当然，在中国国内，伴随着经济发展水平的差别，不同地区的饱和点也有一些区别，但是这些饱和点都没有我们想象的那么高。

为什么会存在收入饱和点？为什么超过了收入饱和点，挣更多的钱并不能给人带来更多的快乐？其实，这个问题并不是钱多少的问题，而是金钱和时间的权衡的问题。

有句话叫"时间就是金钱"，说的是在当下大部分人都觉得时间不够的情况下，能节约出更多的时间。更多给自己的自由的时间，实际上就是获得了更大的金钱价值。仔细想一下，金钱的弹性其实很大，随着付出的增加，资历的增长，你能储蓄越来越多的钱。但时间没有弹性，而且对每个人都一样，一天就是 24 个小时，你再富有，也不可能比别人多出一分钟。所以，一个小时原本应该比一元钱更有价值。

但如果你观察自己以及周围人的行为，我们似乎经常在做相反的事情，把钱看得远比时间更重要。举个例子，如果你现在面临一个新的工作机会，收入比你目前的工作增加了 20%，但需要付出比目前工作多出 40% 的工作时间以及更长的通勤时间，你会接受这个新的工作吗？你是不是会更专注那 20% 收入的提升，而不是自己的自由时间的缩减？

如果是，你并不是少数。挣更多的钱往往会被认为是地位的象征，成功的标志；而拥有更多的闲暇时间似乎并不是那么重要的事情。但人们根本没有意识到，超过一定的收入之后，往往是时间富裕的人更幸福，因为他们有时间去做那些可以带来快乐的事情。因此，下次当你面临时间和金钱的权衡时，请三思。

除了上面提到的金钱和时间的权衡，还有另外一个原因可以解释为什么收入一旦超过饱和点就不能再显著提升幸福感。人的欲望是没有止境的，而且人类非常喜欢攀比。行为心理学里一个重要的发现就是：**我们关注的往往不仅仅是财富的绝对值，更重要的是相对他人的相对值。**也就是说，你在乎的并不仅仅是你能挣多少钱，而是你比别人，尤其是你在乎的他人，挣得更多还是更少！

年初你想的是，如果今年我能多挣 20%，或者超过邻居老王，那我一定会很开心。事实是到了年底，目标实现了，你的确会开心，但开心的时间不会太久，很快你就会不再满足，幸福感又回到了原点，于是又有了新的对比目标。周而复始，你会发现更多的钱给你带来的快乐只能维持短暂的时间。因为你会很快习惯，所以感觉总是回到原点。在心理学里专门有一个词用来形容这种现象，叫"享乐跑步机"。这个比喻很生动，你跑了很久，但其实是原地没动，用来形容收入在超过饱和点之后能给你带来的快乐感受，是再恰当不过了。

其实不仅金钱对提升幸福感的作用是有限的，其他很多我们追求的东西同样如此。我们觉得一旦拥有就会让我们更快乐的事情，比如更完美的外表、更大的房子、更好的工作，得到这些的确能让你高兴一时，但就像之前你已经了解到的，对于未来，我们往往会高估一件事情能带来的快乐或者痛苦程度，也会高估这些情绪的时长。这些物质上的满足不会给你带来持久的快乐。

# 如何花钱更快乐

当然，除了物质上的满足，金钱的用途还可以体现在其他方面。如果钱花得科学，可以有效提升幸福感，给你带来快乐。

那应该怎么花钱呢？我根据心理学的研究成果给你分享几点建议：

1. **花钱买时间**，把一些家务、琐碎的事情分包出去，这样让你能有时间和喜欢的人做喜欢的事情。就像我之前提到的，时间富裕的人往往更幸福。

2. **花钱买体验**，而不是买单纯的物质产品。不同的体验，比如去旅行，看展览，体验不同的经历，可以增长你的见识和阅历，也会给你带来更持久的快乐。

3. 还有一个有趣的发现，就是**把钱花在别人身上可以给你带来更多的快乐**！这里指的是帮助他人，做公益，这些利他的花费和行为，可以给你带来很大的满足感和快乐。如果你有过类似的经历，相信你一定明白我说的感受。

# 结语

有钱难买幸福，对于这句老话，心理学的研究成果给出了比较全面的解释。在没有基本生活保障之前，金钱对幸福的作用是显著正向的。但到了收入饱和点后，钱的作用不再显著，因为它开始抢占你宝贵的时间，再加上人对物质满足的快速适应，使得钱能带来的快乐就像是跑步机，始终难以离开原点。但如果我们把钱花在换时间、购买体验以及帮助他人方面，这时钱的积极作用会更加持久。

　　当然，除了金钱，还有其他的行为可以有效、持续地提升你的幸福感。这些其他的行为，我会在后面的内容中和你分享，你会发现他们不仅成本低，而且效果好。更重要的是，在那些幸福感排名一向很高的国家，人们都在践行这些内容。

　　在进一步分享之前，我想请你先想想，根据你的观察，幸福感高的人通常会做哪些事情。随后你会找到答案。

# 什么让我们幸福

在之前的内容里，我介绍了联合国每年做的《世界幸福报告》，以及中国历年的得分和排名情况。2019年的排名，我国排在第94名。你一定很好奇，排名靠前的是哪些国家呢？为什么这些国家的老百姓幸福指数那么高？他们有什么样的共同点呢？接下来，我将尝试回答这些问题。

## 幸福的秘诀

哪个国家的幸福指数排在最前面？根据2017—2019年三年的数据，世界上人民幸福指数最高的国家是芬兰，得分7.81分（这个衡量标准是0—10分，10分代表最幸福的生活）。继芬兰之后排在二至十名的国家分别是丹麦、瑞士、冰岛、挪威、荷兰、瑞典、新西兰、奥地利和卢森堡。排名靠前的国家都在欧洲，而且以北欧国家为主。

更重要的是，联合国的这项研究找到了六个重要的因素，这六个因素加起来可以解释75%的国别之间的幸福感差异。

这六个因素分别是：

人均 GDP：金钱的作用。

健康预期寿命：你是否健康、长寿。

社会支持：如果遇到困难，你是否有亲戚或者朋友可以依靠；无论何时需要，你都可以得到帮助。

做决策的自由：你是否可以自由地做出生活中的决策。

慷慨大方的程度：比如人们的公益行为。

腐败以及社会整体的信任度：比如人们觉得在政府以及商业领域是否广泛存在腐败现象。

值得一提的是，这六个因素中的后四个，都和社会环境相关，他们合起来的影响力和前两个因素的影响力——也就是钱和健康寿命的影响力总和——一样大。换句话说，除了金钱，你是否幸福很大程度上取决于你是否生活在一个良好的社会环境中，尤其是你有没有比较好的亲密关系，以及是否拥有爱。

如果你了解北欧的这些国家，你会发现，他们的人均 GDP 在全球范围内并非最高的，都排在美国之后。但他们国民的幸福感最高，主要原因就是在这些国家，人们拥有更好的社会环境。人们会花很多时间和家人、朋友在一起，社区在日常生活中非常重要，**亲密关系是让北欧人幸福的一个很重要的原因**。

其实亲密关系不仅可以解释北欧人的幸福感，在世界上其他地方也同样适用。哈佛大学有一个著名的长期实验，从 1938 年开始跟踪 724 名男性，对这些人一直跟进了 75 年，然后通过大量数据研究到底是什么让人感到幸福。

有意思的是，最初的这 724 人是从两个截然不同的人群中招募的。有 268 人是当年在哈佛读大二的男生，这组人可谓是精英的一代。而另外的 456 人，来自波士顿最贫穷的区域，很多人家里连热水都没有。如果让你预测，这两组人几十年之后谁更幸福，想必你大概率会押注在哈佛本科生那一组。在之后的 75 年里，每两年研究者会跟进一次，给这些人寄问卷，进行家访，做身体检查，脑部扫描，还对他们的家人、朋友进行访问。

75 年是一个漫长的过程，这些人大学毕业后，经历了二战、工作、成家、生孩子、离婚、再婚、生病、死亡。从这些丰富、宝贵的数据中，研究人员发现那些真正影响幸福的因素与财富、地位、声誉几乎没有任何关系，和你 75 年前是读哈佛还是在贫民窟也没有关系。但良好的社会关系不仅能让你更快乐，而且能让你更健康。换句话说，**亲密关系，或者简单而言就是爱，是预测你幸福感的最好的指标！**这个发现和联合国的那个报告不谋而合。

关于亲密关系，现有的心理学研究带给我三点启示，我在这里也分享给大家：

**第一，亲密关系不仅有助于提升幸福感，还对你的健康有帮助。**与之相反，孤独对你有害。那些和家人、同事、朋友有亲密关系的人，相对于孤独的人要更幸福，也更健康。孤独的人不仅幸福感低，大脑功能也更早衰退，也更容易衰老。

**第二，亲密关系指的不是朋友的数量，而是朋友的质量。**你的朋友圈里可能有上千人，每个周末都要参加聚会，但你心情低落，遇到困境的时候，却找不到一个可以放心交流的人。这说明你并没有社会支持，没有高质量的亲密关系。有些人或许看上去并不受欢迎，也比较内向，但只要他有一个能真正信任、依靠的朋友，在任何时候，只要他需要，朋友都会挺身而出，我们就认为他拥有高质量的亲密关系，也很有可能更加幸福。

第三，也是我觉得非常重要的，就是亲密关系包含两个基本要素：一个是培养爱；另一个是找到一种生活方式，即便在逆境中，**也不会破坏爱、伤害亲密关系**。人们往往会忽略第二个要素。辛辛苦苦培养起来的那份爱有时会很脆弱，遇到不顺，走入低谷，我们也往往会对最在乎我们、最爱我们的人，表现出最糟糕的一面。好的关系不能保证你的生活一帆风顺，但如果你在低谷中保持积极的心态，和你爱的人站在一起克服困难，而不是相互指责、伤害彼此，那么等到柳暗花明的时候，你会发现那份亲密关系、那份爱又加深了一层，它们也会成为你幸福的根基。

在之前的章节里我讲过唐占鑫的故事，她是我在长江商学院录取的第一位坐轮椅的公益生。如果说在其他相同处境的人身上我看到的是坚强，那么在占鑫身上我看到更多的是快乐。我经常在想她的快乐到底来自哪里？后来我发现她微信的个性签名是：我知道你一直都在我的身边。想必因为她有深爱她的家人和朋友，所以她感觉很幸福。

# 创造意义

我花了很大篇幅让你了解了亲密关系是让人幸福的一个重要因素。当然，除此之外，还有一系列其他的可以控制的因素，能让你更快乐。下面我想给你分享另外两个让我深有体会的因素：**一个是创造意义，另一个是学会感恩**。

说到意义，你会发现那些觉得自己做的事情有意义、生活有理想的人，往往也是内心充盈、幸福感比较高的人——虽然他们并不一定是物质上很富有的人。比如说我的父母那一代，经历过"文革"、三年自然灾害、物质匮乏等逆境，但他们一辈子的幸福感似乎并不比我们低。这是因为他们在精神上有追求、有理想，可以超越生活上的苦难。有伟大的理想无疑是创造生命意义的一种方式，但其实还有很多种方式可以让我们在日常生活中创造、追求有意义的人生。比如我做研究，其中最大的乐趣在于不断打破现有的认知，发现世界的真相——人到底是如何思考和决策的。探索未知本身就是一件很有意义的事情，这个过程中最大的快乐在于通过学习、研究，获得新知识的满足感和成就感。

**与此同时，有很多研究表明，能给你带来更大意义以及更大成就感的事情往往是超越自我的，是利他的。**在喜马拉雅讲行为心理学课程，让我最兴奋也给我带来最大快乐的是，有听众告诉我因为听了这个课程，感觉像是打开了一扇门，让他们对自己有了更多的了解，提高了自身的认知。这种幸福感是难以用金钱来衡量的。

之前我曾经看过一个人物专访，讲的是一位眼科医生，每年要花半年的时间和一个公益组织到非洲义务帮助那里的老百姓治疗眼部疾病。当被问及为什么每年都要花 6 个月做义工时，这位医生的回答让我至今记忆犹新。他停顿了片刻，很坦率地说："其实是出于一个很自私的原因，因为这是让我最快乐的事情。"帮助别人能给自己带来快乐，这已经是一个在心理学里被多次重复印证的现象。无论是个人，还是企业，利他或许是创造意义的最终源泉。

# 学会感恩

**最后，我还想和你分享感恩对于幸福感的重要性。**

说到这个话题，我要介绍一位我读博士时的同学。她叫兰

（Lan），是一位越南裔美国女孩，非常喜欢小孩子，后来的研究也和青少年心理学有关。她在研究中发现，现在的孩子比较物质，比如喜欢攀比谁家更有钱，谁有最新一代的手机。但大量的研究表明，过度的物质追求会带来一系列的问题，比如抑郁、吸毒，以及其他行为问题。那如何能让孩子们不那么物质呢？

兰的研究发现，让孩子懂得感恩，养成感恩的习惯可以减少他们对物质的追求，也会让他更愿意帮助他人。她招募了一些11—17岁的青少年做了一个实验：要求其中一部分人连续两周，每天写感恩日记，记录每一天值得感恩的人和事；另外一部分人同样要写日记，但不限内容。在两周结束之后，孩子们都有机会把自己参加这个实验而得到的报酬拿出一些捐给慈善组织。结果显示，那些写了两周感恩日记的孩子捐出了更多的钱。我的这位朋友解释说，当你每天练习感恩，其实是在认可你的家人、朋友，也是在强化你的社交网络，这样做会让你更容易拥有亲密关系，而亲密关系又是增加幸福感的一个重要因素。

# 结语

在这两节里，我和大家一起聊了聊到底什么会让我们幸福。你看完之后是否对幸福、快乐有了新的认识？希望这些内容不仅让你有了认知的提升，更让你掌握了一些可以创造幸福的方法。

## 行为小锦囊

曾经有一位心理学家绘制了一张科学幸福地图，用来解释到底是什么决定一个人是否快乐、幸福。根据这张幸福地图，你会发现什么呢？

首先，基因很重要，它占了 50% 的解释比例。这也是有些人天生就是乐天派，而有些人天生就容易郁郁寡欢的原因。这部分我们无法控制。

其次，通常你觉得会对幸福产生很大影响的生活环境因素，比如财富、工作、结婚、生孩子等，其实在影响幸福感的因素中只占 10%，另外还有 40% 的决定因素是我们的思维、态度以及行为。40% 是一个很大的比例，它说明我们在很大程度上可以掌控自己的幸福感，可以为自己创造幸福。幸福，就像健康的身体，其实没有什么秘诀偏方，更没有捷径。你需要做的就是每天做那些正确的事情，真正花时间和精力在你爱的和爱你的人身上，在不断学习、帮助他人的过程中打造生活的意义，每天践行感恩之心。这些听起来似乎很简单，但能坚持做又谈何容易？！

不管是在学术界还是在平时生活中，直觉和偏见都是备受关注的话题。直觉到底有没有用呢？如何才能消除偏见呢？学习了这些行为心理学的知识，它们能在生活中有所应用吗？怎样才能帮助他人或是自己做出更好的决策呢？

第六章

生活中的行为心理学

# 专家的直觉是否值得信赖

在之前的内容里，我详细介绍了我们的大脑如何做决策，如何记忆过去，如何预测未来。而接下来，我会和你分享行为心理学在现实生活中的一些应用，希望能给你带来一些新的启发。

我在研究心理学的这些年里，经常听到有人说，他的直觉非常准，胜过严谨的思考。与此同时，也有不少畅销书强调直觉的作用。最著名的是 2005 年的一本知名畅销书《Blink》，中文版书名译作"眨眼之间"。它介绍了人如何在两秒钟的时间内进行快速的判断。书里讲了很多直觉的成功案例，但其中大部分以讲故事的形式展示给读者，所以我认为这些案例缺乏科学研究的严谨性。

在学术界，直觉也是一个备受关注的话题。直觉到底有没有用呢？今天我来介绍两位学者以及他们代表的两种观点。

## 直觉的力量

我首先介绍的是心理学家加里·克莱因（Gary Klein）。他早期拿到了匹兹堡大学实验心理学博士学位，之后有过很丰富的工作经验，其间他一直关注直觉的影响力，还出过一本畅销书，叫《直觉的力量》。他提出了一个理论，叫作"自然决策理论"（Natural Decision-making, NDM），用来研究人们如何在复杂的现实环境中做出判断。

什么是复杂的现实环境呢？就是那些时间紧迫、环境变化无常，但是需要做的决策又事关紧要的环境。面对这样的情况，人们要如何做决策呢？他的核心观点是：**在这样的环境下，专家往往可以通过直觉、凭借经验，做出更好的判断。**

在这里，我用两个例子来说明专家是如何运用直觉做出判断的。第一个例子是在象棋领域。象棋大师往往可以在 6 秒钟之内做出最好的决策。而 6 秒钟，一个中等水平的选手甚至还没有想好要走哪一步。但要达到这个层次，象棋大师需要记住 5 万到 10 万个棋局。换句话说，你要有足够的经验积累，才能做到在 6 秒钟内做出最好的决策。第二个例子是消防队队长。面对险情，他们通常是根据经验迅速做出方案，然后在头脑中进行模拟，如果预期效果好，那就执行；否则，就修改或更换另外一个方案，依次循环，直到找到满意方案。这两个例子都说明，面对复杂的情况，直觉，尤其是专家的直觉是值得信任的。

## 保释率与时间

但是专家的直觉一定是值得信任的吗？接下来，我想给大家介绍另外一位我非常尊敬的学者，他对直觉的可信度提出了很大的质疑。这位学者就是行为经济学的奠基人，心理学家丹尼尔·卡尼曼。他对专家的直觉非常怀疑，或者说他不相信专家的直觉。为什么？

大多数人做决策时，包括专家，都喜欢用简单的决策方式，也就是系统1。我们很容易受到这种便捷认知的影响，导致判断出现失误，而且最重要的是我们并不知道自己在判断中的局限性。专家更是如此，很多专家并不知道他的专业边界在哪里。这是非常可怕的情况，专家更容易自信，但其实他们和普通人一样，容易受到情绪和外界因素的影响。

卡尼曼曾经举过一个例子，发表在著名的《美国科学院院报》上。这个例子里的数据来自以色列的一个法庭。这里的法官每天要处理很多申请保释的案子，他们要在8—10分钟之内对一个申请做出决定，是否批准保释。

研究者对这些保释的数据进行了非常有意思的统计，他们把一天中的具体时间点画成横坐标，然后统计出在每个时间点有多大比例的案件获得保释的批准。结果很有意思：早上刚刚开始上班的时候，法官情绪非常好，因此有60%的案子被批准保释。但过了两个小时左右，临近上午休息时间时，保释批准的比例就降到了零。休息之后，法官们再度开始审理案件，这时保释获得批准的比例又提高到60%左右，然后开始下降，到午餐时间之前降到10%左右。吃过午餐，保释批准比例又上去了，然后随着时间的推进，又开始往下滑，直到下班时间降到最低点。

这个结果确实令人震惊！对于如此重要的决定，法官的判断仍然会受到情绪、心情如此大的影响。而这个实验的数据，再加上卡尼曼其他的一些研究结果，都指向另一派观点，那就是：直觉的力量不可信任，即便是专家的直觉也不可信任。

# 什么是直觉

故事本来到此就可以结束了。两位学者，截然不同的观点，相互不认同，然后等着后人去做更多的研究。但这两位都是非常值得尊敬的学者，他们并没有停留在彼此的分歧上，而是两人聚到了一起。他们想：我们能不能一起研究一下直觉到底什么时候有用，什么时候是不好的？这个合作始于简短的电话交流，后来历经五六年时间，最终在 2009 年的时候，他们在美国《心理学家》杂志上发表了一篇共同署名的文章，题目就是《专家直觉的条件》——《Conditions for Intuitive Expertise：A Failure to Disagree》（American Psychologist，2009）。里面的内容非常丰富，对我启发很大，所以我也在这里分享给你。

这篇文章的核心是这两派学者对直觉有不同的定义。

自然决策理论里面提到的"直觉"是**基于经验和技能的直觉**（像象棋大师、救火队长等）；而行为经济学上的"直觉"指的是**基于简化决策、偏见诱导出的直觉**，就像我们之前提到的那些启发式。由此可见，基于经验的直觉是值得信任的，而行为经济学定义的直觉会误导我们。

那如何区分呢？两位作者指出，基于经验和高技能的直觉本质上是一种识别的行为。识别指的是当前的问题为专业人士提供了某种线索，基于此，他们可以搜索记忆中的信息，那些信息提供了问题的答案。所以高技能的直觉，本质上就是一种记忆中的识别。换句话说，这种基于高技能的直觉就是当面临问题时，专家们会打开记忆的闸门，搜索记忆当中的答案。它本质上就是回忆识别的过程，并不是神秘的力量。

但如何培养这种高技能的直觉呢？这两位心理学家提出两个必要的条件：

1. 环境必须足够规律，如棋局的基本规则就不会有大的变化。

2. 作为个体，你要有充足的机会识别这样的线索，并有充足的机会去学习，及时得到反馈，从而掌握内在的规律。例如，围棋大师会记忆数量庞大的棋谱，反复对弈，反复学习。

如果这两个条件不具备的话，直觉往往沦为行为经济学上的直觉，也就是不可信的。

1992 年的时候，曾经有一位叫香蒂（Shanteae）的学者列举了一些直觉相对比较准的职业，比如天文学家、国际象棋选手、物理学家、数学家以及会计。这些职业可以通过练习掌握规律，所以这些领域的专家也可以凭借其高超的技能在短时间内做出较为准确的判断。

与此同时，我们可以看到，对于很多的行业和职业，这样有规律的环境和充分学习的机会实际上是很难满足的。比如说股票交易、精神病分析师、法官、人才选拔、情报分析等。在这些领域，即便是专家的直觉都要打个很大的问号。例如人才选拔，现在越来越多的企业发现面试存在局限性，我们在短时间内通过面试做出雇用决定，事后往往会后悔，因为预测人的未来太难了，也没有普遍的规律。

# 结语

那么我们要如何看待专家的直觉判断呢？

1. 判断专家的直觉是否值得信赖，首先要考虑决策的环境是否足够规律，专家是否有足够的学习机会。

2. 对于两者都满足的行业，直觉并没有人们想象的那么神奇。这种基于高技能而形成的直觉，其实是一种记忆的识别。

3. 很多领域并不具备上面这两个条件，所以这些领域的专家直觉并不完全可靠。我们要学会在面临重大问题时，调动我们的系统 2 规范直觉。

4. 总的来说，我们需要小心谨慎地对待专家的直觉，因为专家更容易过度自信。下次当你听到某某专家语气坚定地对未来做出预测的时候，你应该提醒自己，不要轻信。未来很难预测，所谓专家的预判未必高过随机的判断。

# 如何消除偏见

在这部分内容里，我想和你分享行为心理学的另一个现实应用，即如何才能减少和消除偏见。所谓偏见，指的是对某一群体的负面态度。关于这个话题，无论学术界还是媒体都有非常多的讨论。联合国在 2015 年制定未来全球发展目标的时候，还专门把消除偏见和不平等作为一个重要的目标。但大量心理学的研究告诉我们：偏见普遍存在，更为严重的是，想要改变偏见并不容易。

偏见会让我们做出错误的判断，加剧人与人之间的隔阂，给别人以及自己带来心理和身体上的伤害。所以，我深信探讨这个话题非常有价值，我也希望能尽我所能给大家提一些建议，尽量减少偏见的影响。

而且，我想用一个和以往不同的方式来分享这个话题。我邀请了一位嘉宾，和我一起共创这节内容。我们先看一下他的自我介绍：

"大家好，我叫刘天华。我在 3 岁多的时候，因为发高烧引起了青光眼，视力受到影响，23 岁大学毕业时就完全失明了。我在

1997年大学毕业后来到深圳，最开始做的职业跟99%的盲人朋友一样，都是做盲人按摩。2009年，我有机会改行并加入了一个叫黑暗中对话的社会企业。这是一个德国企业。从此，我开始在这个企业做培训教练，一直到现在。我现在常住在深圳。"

## 偏见如何产生

我之前曾经邀请天华到我在长江商学院开设的线下课程做分享。当你想到盲人，你的脑子里会有什么样的联想？估计大多数人对盲人多少都会存在一些偏见。那么，天华体验到的人们对他以及其他视力障碍小伙伴的态度是否存在偏见呢？为此，我专门问了他。

"从我们的角度来讲，因为是盲人，大家都会给我们一个标签，比如说你可以从古今中外的小说里面看到，其实盲人的形象都是一样的，一般比较古怪，通常戴着墨镜，给别人的感觉就是挺可怕的，做事情跟常人不一样。在中国我们有一些特别有意思的标志，比如二胡、墨镜，这些都是盲人形象的一部分。"

不知道你听完是否会有同感。但为什么说这是偏见呢？因为它并不准确，也不全面。就好比天华，他不但不可怕，而且为人友善，也很幽默。不仅如此，天华兴趣广泛，知识丰富，英语也很好！你可能会觉得盲人的学习能力不如你我这样有正常视力的人。但你没有意识到的是，盲人的听力要远远好于普通人，他们可以用很快的速度听音频节目。所以从获取知识的速度上来看，他们甚至更有优势。我特地请天华给我演示了一下他通常听音频内容的速度。很多听过的人，包括我，都非常吃惊，惊叹其速度之快。可见我们通常对于一些人群，尤其是被边缘化的人群的印象往往有失偏颇，甚至是错误的。

当然，这样的偏见不仅仅局限于盲人，也包括其他人群，比如人们通常会对黑人、同性恋者、变性人等持有偏见和歧视。

但为什么会有这样的偏见，为什么我们会习惯通过偏见来做判断？天华自己的答复和我们心理学里的解释是非常接近的："最主要是因为多数盲人真的就是这样，性格可能比较怪。'怪'的意思，不是说他是另类的生物，只是说他因为看不见，所以要用另外的方法来生活。由于大家和我们很少接触，只能从表面看，所以会看到盲人跟大家不一样的地方，慢慢就形成了一个特别的印象。可以说对我们有偏见，但是大家又不愿意花时间去了解真正的盲人是什么样，所以这样的印象就会跟实际差得越来越远。"

天华很客观，他指出人们对盲人的偏见并非无中生有，的确有不少盲人就是你想象的样子，所以这种印象会成为我们大脑里系统 1 做快速决策的依据，让我们一看到盲人，就会联想到这些属性。但这些偏见也会带来很多负面的影响。对于被歧视的人群，偏见不仅会给他们带来心理的阴影，更会影响到他们公平参与学习、就业以及发展的机会，会令他们被社会排挤，导致一系列的社会问题。所以，平等，消除偏见，自古以来就是一个文明社会的追求和梦想。

## 如何消除偏见

这里的核心问题是，如何才能减少并最终消除偏见呢？这也是我和天华对话的最主要的一个话题。

在行为心理学的研究中，学者们提出的一种消除偏见的做法是去标签化，也就是把那个可能让你产生偏见的锚点去掉。比如，现在有些公司以及互联网招聘平台，会通过技术手段，把申请者的一些属性去掉，例如名字、照片、性别等。如果你不知道是男是女，相貌如何，你也就不会因为这些属性所引发的偏见来影响你的雇用决策。同样，大家如果看过《中国好声音》这个选秀节目就会知道，这个节目最大的卖点是那个转椅子的环节。导师背对选手，只能听声音，不能看到人，是否转椅子就只能依靠对其声音的判断，而不会受到选手长相或者知名度等因素的干扰。在我和天华的交流中，他说自己的亲身体验和这个观点完全相同。在他看来，从国家政策到主流社会，能消除对盲人群体偏见的最有效方法，就是什么也不要做，将他们和其他人同等对待。

"其实你说公权力也好，整个主流社会也好，他们做什么能帮我们？有一个最好的办法，就是什么也不要做！想想所有这些事情，如果他们不管我们的话，我们就会有一个更好的结果。比如说我们可以跟别人一样去考大学。如果不限制我们，比如大家都是考到 600 分就能上大学，我也不帮你，但是我也没有规定你不可以考，就已经足够好了。所以其实现在在政策层面如果不管我们，没有特殊的对盲人的规定，反而是更有利于我们的。"

在天华的经历中，恰恰是一些对这个人群的特殊政策阻碍了他们的发展。这不得不让我们思考，什么才是帮助别人、减少偏见最好的做法。

除了去标签化，心理学的研究还证明，当我们主动去接触、用心去了解那些看似和我们不太一样的人群，而不是偷懒，总是依靠系统 1 的偏见做判断，那么人和人之间的隔阂就会减少。我也特别问过天华，如果人们通过阅读、看电影，或者直接交流的方式去更多地了解盲人群体，是否可以减少偏见？他的答案非常肯定，而他现在的工作正是为社会提供这样的机会。

"一定会。其实隔阂，最主要就是因为我们和社会接触少，然后这种距离有可能造成误会甚至敌意。我们做的工作就是让大家可以自然地跟主流社会有接触，反过来说也是让整个社会自然地跟我们有接触。我们"黑暗中对话"做了一件特别的事情，平常的时候应该是健全人来帮助和服务这些残疾人，但是由于我们黑暗的环境比较特殊，所以我们是角色互换，我们在那个环境里面可以反过来帮大家。当大家再回到光明之后一看，帮他们的不是戴夜视镜的超人，而是一个普通的盲人，他就会觉得其实盲人和普通人之间的距离没有那么大。"

"黑暗中对话"是一个从德国引进的社会企业，主要是做企业培训，还有公众教育。特点是在一个全黑的空间里面，让参与者做一些游戏和体验。在这个企业中，有 60% 的员工是盲人，因为做的工作是在黑暗中做引导，所以这些盲人员工有天然的优势。这是一个非常有趣的体验，如果你有兴趣，我鼓励你去亲自体验一下。我带家人和同事去过多次，每次都有不同的感触。

天华举的例子在学术界也得到了印证。2016 年曾经有一篇发表在《科学》杂志上的文章，采用田野实验的方法证明：短短 10 分钟的面对面沟通，可以有效降低人们对变性人的偏见，而且这种效果可以持续长达 3 个月的时间。我们经常说理解万岁，但理解的前提是了解。就像天华在采访中曾经说过的，你要多看一点书，多去一些地方，多接触一些和你不一样的人，这样整个视野会被打开，你也会走出狭小的舒适区，成为一个更加包容、有爱的人。

在最开始准备这部分内容时，我本来计划到此就结束了——我想到的减少偏见的方法无疑是去掉那个参照点，主动学习，拓宽自己的眼界。但和天华的交流让我意识到还有另外一点，或许是更重要的一点：

"我觉得自身改变是很重要的。比如说以前大家为什么会觉得盲人就是乞讨的，因为确实在那个时候有很多人是这样做的。如果你只是想办法去说服别人，说你别这样想，盲人不是这样的，他也能做正当的行业。由于他们看到的多数是乞讨的盲人，没有看到你说的做正当行业的盲人，所以他是改变不了的。

"但现在，我们有了更先进的设备，可以用电脑，可以用手机，在职业选择上就可以更多元。我们可以做按摩之外的其他行业，比如说有（盲人）同事在苹果零售店工作，有些同事做钢琴调律，等等，而这些直接的印象可以让大家对盲人形成新的看法。

"所以从自身的角度来讲，你一定要想办法去做一点什么事情，让别人更新他的这个印象，更新他的理解，这样的话人们自然就会改。因为所有的偏见都是大家经过长期观察得出的判断——并不是说他要看低你、看小你，而是因为他看到的的确是这些典型的特点，所以他认为你是这样的。

"我记得上大学的时候，我就去找了一个西餐厅唱歌，勤工俭学。其实那个时候，我没有想到要消除谁的偏见，我要做一个更新，马上给别人看。我只是觉得自己没有受到别人对我看法的限制，比如别人看我是什么人，我并不在乎，因为我知道我能做什么，所以就去尝试了一下。勤工俭学很成功，我赚到了钱，又交了很多朋友，所以我就知道这个社会其实很好，只要你愿意去展示你能做的事情，别人是愿意接受的。"

　　谢谢天华给我的启发，让我看到改变不仅来自外界，更来自内部。被偏见、被歧视的人群，如果我们不只是抱怨，不是更加内化、固化这种偏见，让自己变得更加缩手缩脚，而是主动积极地做出改变，那么当社会看到你这样崭新的例子的时候，人们也会自然地更新他们的认知。偏见或许不能根除，因为这是我们的大脑做快速决策的一种方式。但看完今天的内容，希望你能对被偏见、被歧视的人群重新思考。或许你可以尝试对他们多了解一些，也许会发现，世界远比你想象得更多元化，世界也正是因为它的多样性而美丽。如果你属于一个被大众所有偏见的人群，希望你也能像天华一样，不安分，愿意折腾，用自己的行动打开他人的眼界！

# 如何判断公平与否

2020 年 4 月，随着疫情逐步得到控制，线下商业开始陆续恢复，餐厅也大多恢复了营业。对很多人来说，终于能出门到餐厅吃饭，是件很开心的事。但没过多久，就有网友抱怨海底捞、西贝莜面村、喜茶等一系列品牌餐饮都涨价了。其声音迅速得到了其他网友的呼应，短时间内就上了热搜。

不知道你对这件事情还有没有印象？你有什么样的体会呢？而今天，不管你是不是海底捞、西贝莜面村、喜茶的顾客，你如何看这些餐饮店在此时涨价？你觉得可以接受吗？如果你是这些品牌的负责人，面对此刻的危机，你会如何处理？

如果遵循传统经济学的理论，当需求或者成本上涨，卖家涨价是理所应当的事情，无可厚非。但市场和消费者的反应似乎很不一样。他们对于商家，尤其是这些头部商家在此刻涨价表现出强烈的反对和愤怒。

那么卖家具体做了什么？那段时间，我密切关注了一下事态的发展，发现商家在事发之后采取了两种不同的做法：一类以海底捞和西贝莜面村为代表，纷纷在事件发酵后的四五天里快速道歉，并决定把菜品价格恢复到 1 月底停业前的标准；另一类以喜茶为代表，声称涨价的产品只有 5 款，而且都是因为原料成本上涨才涨的，和疫情没有关系，所以会维持现状。

面对这两类企业的做法，你会怎么看？你会原谅海底捞和西贝莜面村吗？如果喜茶超过 30 元，你还会买吗？当然一两个人的答复并不具有代表性，所以我找了一下，看看是否有大规模的调研数据。

我还真找到了媒体做的一些大样本的调研数据。

有媒体在 4 月 10 日做过一个调研。调研中的问题是，海底捞发文道歉，说"门店此次涨价是公司管理层的错误决策，伤害了海底捞顾客的利益，对此我们深感抱歉。公司决定，自即时起，所有门店的菜品价格恢复到 2020 年 1 月 26 日门店停业前的标准"，"你怎么看海底捞涨价？"问题后是 4 个选项，分别是"理解""不理解，伤害了顾客利益""无所谓，反正不去吃""其他"。结果，在参与调研的 58 万网民中，有 40% 的人选择了"理解"，30% 的人选择了"不理解，伤害了顾客利益"。

在此前一天，也就是 4 月 9 日，新浪新闻做了一个关于喜茶的调研，介绍说："复工后，不少网友发现喜茶涨价了，调查发现喜茶多款产品涨价 2 元，喜茶回应说涨价是因为原料成本上升。头部奶茶品牌全面迈入 30 元时代，那么奶茶超过 30 元你还会再喝吗？"这个调研也是 4 个选项，分别是"会的，毕竟戒不掉""不会，被涨价劝退""不一定，但会少喝""其他"。这个调研有 189 万人参与，绝对的大样本，结果 62% 的人选择了"不会，被涨价劝退"，31%的人选择了"不一定，但会少喝"。

由此可见，对于在疫情后涨价这件事，大部分消费者是持反对意见的，但如果你及时认错，在很大程度上还是会被消费者原谅的；如果坚持涨价，的确会导致更多的负面声音。当然，长期的效果如何有待观察，但这样的现象揭示了一个有趣的事实，就是**人们对公平的判断并不像传统经济学理论所讲的那样，只依据供求关系来决定。**

# 消费者如何评价涨价

不知道大家还记不记得我之前介绍过的所有权依恋症？行为心理学家认为，人们对于公平的感知和判断和所有权依恋症相关。买卖双方都认为他们有权利享受自己已经习惯的交易条件。但当交易条件恶化的时候，买方发现价格提高了、产品质量下降了，就会感受到损失，也会认为交易不公平。

当然，我们都认同商家有权利赚取合理的利润，所以当价格的上涨是因为成本的增加时，人们通常会接受，也认为这是公平的。但如果价格的上涨是由于需求的临时性增加，比如天气炎热导致更多人想购买冷饮，疫情封控结束后餐饮消费"报复性"增加，那么商家在此刻涨价，往往会被认为是投机，是不公平的，也会引起消费者的不满和厌恶。

一位心理学家在 1986 年用一系列简单的实验证明了上述结论。我举几个例子，也请你一起思考如何作答。

第一个例子是这样的：

有一家杂货店出售雪铲，就是用来铲雪的那种铲子，标价一直是 90 元。某一天下了一场暴风雪之后，这家店把雪铲的价格提高到了120元。你如何看待这一涨价行为？是觉得可以接受，还是觉得不公平？

结果显示，82%的人觉得不公平，只有18%的人觉得可以接受。大部分人在想这个卖家怎么能趁火打劫，刚下完雪，雪铲就涨价，这也太贪婪了！但如果你理解经济学的理论，就会明白这恰恰是应该发生的事情：因为下雪后对于雪铲的需求增加了，雪铲的价格就自然应该上涨。

事实上，在商学院的学生中做同样的实验，他们给出的答案和普通大众并不一样。商学院读MBA的学生中有76%的人觉得涨价是可以接受的，这个比例远远大于之前普通大众的数据。但毕竟商学院的学生在整个人群中只占很小的比例，不能代表普遍性。

这个实验让我们意识到大部分的人对于涨价，尤其是因为需求临时增加而导致的涨价，会感觉到不公平和恼火。

为了测试这个现象是否广泛存在，心理学家们还做了另外很多实验，比如下面这个：

有一种孩子们很喜欢的布娃娃已经断货很久了。但是在圣诞节前，一家商店的老板偶然发现他们的库房里有一个这样的布娃娃。他知道很多人都想买这个布娃娃，所以发出声明，会对这个布娃娃进行拍卖，出价最高者可以得到这个布娃娃。对于此举，你觉得是可以接受还是不公平？

实验的结果是只有26%的人觉得可以接受，另外74%的人觉得不公平。和你想的一样吗？我当时的第一反应也是觉得这样做不好，这个老板也太利欲熏心了，这样做普通家庭的孩子就没有机会得到这个礼物了。

但研究者在这个实验的基础上做了一个巧妙的改变，他们问另外一组人与上面相同的问题，但最后加了一句，拍卖所得将全部捐给慈善机构。

这时你会怎么想？结果是，在这种情况下，76%的人觉得这种做法是可以接受的！**可见让大家恼火、觉得不公平的是商家的贪婪，尤其是在买家处于劣势的时候。**

这样的例子在现实生活中屡屡出现，而且越是大品牌、头部企业做出类似举措的时候，人们的反感就会越明显。

2000年初，可口可乐的CEO提出支持可乐售卖机自动定价，也就是根据天气调整价格，天气越热价格越贵。他的理由是，当人们在炎热的天气里观看体育比赛时，一瓶冰镇可口可乐能带来很大的享受，所以在此时涨价很公平。那些售卖机里会有一个温度测量仪，根据室外温度的变化而自动调节价格。

公众对可口可乐公司此举的反应如何呢？各种嘲讽和愤怒蜂拥而至，导致公司很快撤回了这个做法。全球知名的优步公司开发了一款类似滴滴的打车软件，也因为在程序设定中允许在恶劣天气大幅涨价而引起民愤，最终导致政府介入干预。

**值得注意的是，人们之所以会觉得这些公司涨价的做法不公平，是因为他们提供的产品本身并没有变化。价格的上涨仅仅是因为临时性需求的增加。这会让人们觉得不合理。如果你提供了额外的价值，或者涨价是由于合理的成本提高，那人们大多数情况下会接受。**

另外，你可能会发现，人们对于大企业、有品牌的企业要求似乎会更高。这并不奇怪。学术界有一个概念叫"贵族义务（Noblesse Oblige）"。顾名思义，就是对于显贵者，人们对他的期望会更高，认为他应该有高尚的品德，并承担更大的责任和义务。所以对于头部企业在危难之时唯利是图的做法，公众的反应也自然会更加强烈。

## 什么是公平

什么是公平？传统经济学理论认为只要价格是由市场的需求和供给决定，那就是合理、公平的。但是行为心理学大量的数据告诉我们，这并不完全正确！如果价格的上涨是由于临时需求的增加，公众就会觉得不公平，也会产生反感，会用行动来惩罚这样的商家。所以如果你想和顾客有持续的关系，切记不要在危难时刻显示出贪婪，即使有人愿意支付更高的价钱。

同样是在 2020 年疫情期间，1 月 27 日，河南新乡的"胖东来"超市的老板宣布所有蔬菜在疫情期间按进价销售，而且取消周二闭店的传统，疫情期间，一周 7 天营业保障民生。有朋友给我发来照片，那家超市里的白菜 1 斤 9 角钱！难怪只要有这家超市在的地方，沃尔玛、家乐福都不是对手，雷军也曾称其为"中国零售业神一般的存在"。这也是我正在研究的一个案例，如果未来有合适的机会，我也很期待和大家来分享这个商业案例。

## 结语

作为消费者，我们通常认为自己有权利享受已经习惯的交易条件，所以当条件恶化时，比如因为临时需求上升而导致价格上涨，我们会觉得不公平，也会采取报复行为。了解了这一点，相信你就会明白：切记不要在危难时刻显示贪婪。

# 如何让人更环保

我 2013 年回国，全家住在北京。那年我们感受最深的一点，就是用了大半年的时间研究各种防雾霾口罩。当然这些年国内的空气质量有了明显的改进，但在全球范围内，自然环境的恶化，比如从气候、海洋、垃圾等诸多方面，都已经成为一个很严重的问题。

冷静想想，外卖的迅猛发展，一次性餐具的泛滥，还有其他各类垃圾的处理不到位，其实是一件非常可怕的事情。我分享一组数据，估计会让你更有感触。2019 年全国 337 个城市（一至五线城市），总共产生的生活垃圾是 3.43 亿吨，这个数字在 2020 年会达到 3.6 亿吨以上。如果按照 8.5 亿城镇人口计算，我们每人每天产生的生活垃圾超过 1.1 公斤。

这些垃圾怎么处理？在中国，大约 60% 的生活垃圾靠填埋，约 30% 靠焚烧处理。但无论是填埋还是焚烧，都会对环境造成很大的危害。尤其是填埋，且不说我们已经没有更多的地用于填埋，就是大量被填埋的垃圾通常也需要很长的时间才能降解。比如铝制饮料罐，需要 200 年的时间才能降解。现在你就能明白，为什么垃圾分类在我国势在必行了吧?

当然,环保不仅仅涉及垃圾分类,还包括节约用电、用水,减少尾气排放,等等。你可以把我们赖以生存的环境想成是全球范围内一个巨大的环境选择的结果。如何设计这个环境,会影响其中每个人的选择,也会影响整体的结果。在这个选择架构里,有个人,有组织,也有政府。我想和你聚焦在个人的角度,也就是如何影响你我这样的个体,使之做出更负责任的环保行为。**具体而言,就是如何通过社会影响力,也就是社会规范,来促进人们注重环保。**

之前,你已经了解过"破窗效应"。如果周围的环境是杂乱无序的,比如有破碎的窗户、随手丢的垃圾,那么这样的环境会让你更容易做出随意破坏环境的行为,比如也会跟着在墙上乱画,随地吐痰,等等。但如果这个现象反过来,用社会规范引导人们做好的事情,那么从众心理也会让我们做出相应的选择。

# 示范作用

我们应该如何通过助推的方式让更多的人做环保的事情呢?

下面这个案例,就是通过非常巧妙但简单易行的方式,成功地让更多的人选择了环保的行为。

这个研究发生在酒店行业。大家如果住过酒店,就会发现酒店每天更换毛巾、床单等是一笔很大的开销,同时也会消耗和浪费大量的水电资源。所以不少酒店都想出各种各样的办法,鼓励客人在入住期间尽量少换,甚至不换浴巾和床单。估计你也见过不少类似的标识。但你有没有想过,什么样的劝说方式更有效果?

在这个研究中,研究者在一家酒店做了两次实验,正是想探讨上面这个问题，怎样才能更有效地让入住客人重复使用浴室毛巾。

第一个实验持续了 80 天的时间，研究人员观察了 190 个酒店房间里客人重复使用毛巾的比例。当然，这个实验有一个操纵项，就是在这 190 个房间里毛巾架子上方的墙上，贴了两种不同的标识。

在其中一半的房间里，这个标识上面写着："帮助拯救环境：您可以通过在住宿期间重复使用毛巾，来表达您对自然的尊重并帮助拯救环境。"

而在另一半的房间里，这个标识上面写着："加入你的同胞，一起帮助拯救环境。大约 75% 的客人被邀请参加我们的节能活动时，都会重复使用毛巾。您可以与这些客人一起加入这个活动，并通过住宿期间重复使用毛巾来帮助拯救环境。"

请你猜一下，结果如何？哪种标识会导致更多的客人重复使用毛巾？

估计你大概率会猜对。当标识展示的信息体现了社会规范，也就是大多数人的做法时，有 44% 的客人在入住期间重复使用了毛巾。但当标识只是强调拯救环境时，重复使用毛巾的客人的比例只有 35%，有将近 10 个百分点的差距。

由此可见，劝说人们选择环保行为的一个非常有效的方式，就是告诉他，别人都这么做了。于是人们普遍存在的从众心理，也会让其随着大流，做相同的事情。

## 我会模仿谁

但是不是所有的"别人"对你的影响都是同样大呢？这个"别人"可能是和你更相似、关系更亲密的人，也可能是与你毫无关系的他人，哪种人的做法对你影响会更大呢？没错，一定是和你关联性更大的"别人"对你产生的影响更大。在前面提到的这篇文章中，研究者用另一个很巧妙的实验证明了这一点。

这一次同样是在酒店里做的实验，实验延续了53天。但这次酒店房间里贴上了三种不同的标识。

第一种是标准的环保信息，鼓励大家通过重复使用毛巾的方式来帮助拯救环境。

第二种是告诉你，有75%的客人已经加入了酒店的节能活动，并重复使用毛巾。你也可以加入他们的行列，通过重复使用毛巾来帮助拯救环境。

第三种标识是新增的，说的是在过去住过这间客房的客人中，有75%的客人参与了酒店的节能活动并重复使用毛巾。你也可以加入他们的行列，通过重复使用毛巾来帮助拯救环境。

在这三种情况下，你觉得哪种标识会更有说服力？没错，在第三种情况下，也就是当这个参考群体离你更近的时候，它对你的影响力是最大的。当被告知之前入住同一房间的客人大部分都加入了这个节能活动的时候，有将近50%的人加入了节能计划，并真正重复使用了毛巾，这个比例要明显高于另外两种情况。

**这个实验为我们揭示了一个很清晰的结论，就是想助推他人选择环保的行动，或者其他任何你觉得正确的事情，一个非常有效的方式就是告诉他，别人都这么做了，而且最好这个"别人"，离你想要影响的人群越近越好！**类似的实验以及现实生活中的例子还有很多。鼓励他人多用公共交通、进行垃圾分类、减少吃自助餐时的浪费，都可以运用社会规范的作用。

当然，当某些行为还没有被广泛接受或践行的时候，你很难说

"80% 的人已经这么做了"。这时，**榜样或者某些公众人物的做法，就可以成为一个锚点，引导大众的行为。**当年姚明拒绝吃鱼翅的公益广告，影响了很多人，也在保护鲨鱼方面成为华人的表率。

长江商学院的一位校友颜明曾经在我的班上做过一次分享。他是阿拉善一个公益组织的西北区负责人。他说自从开始做公益，自己就开始有变化，比如出差一定带上自己的牙具、拖鞋、水杯等，不仅卫生，还能减少一次性用品的浪费。当时他那番话触动了很多人。最直接的体现就是我现在出差都是自带水瓶和洗漱用品。其实每个人点滴的变化汇集起来，就会成为新的社会规范。

想让好的做法，比如环保行为，更广泛地传播，成为社会规范，还可以从行为心理学的结论中得到其他的启发。**比如，之前你了解到人们对于新鲜的、引发情绪的信息会更加关注，那么如果可以把环保的行为、使用环保的产品做成时尚、很酷的事情，那它被关注、传播以及被接受的程度都会提高。**

不知道你是否听说过一个叫 Freitag 的背包品牌。它来自瑞士，由兄弟俩在二十几年前创办。但他们的包与众不同，都是用回收的卡车篷布、汽车安全带和自行车内胎等做出来的环保袋包。虽然都是回收上来的废弃物，但他们却凭借环保的理念、巧妙的设计，把这个品牌打造成了时尚界的一个高端品牌，目前已经形成了一套成熟的商业模式：每年派出采购员寻找 500 吨左右的防水布，拆分成 2.4 米见方的布片，送入工业洗衣机中用独特的清洁液和回收的雨水清洗，晾干，然后交给设计师设计，再由工厂缝制。最终的成品会被封箱运到世界各地的直营店、零售店等。有趣的是，在开箱之前，没有一家店铺知道自己会被分配到什么式样、颜色的产品。所以 Freitag 的每个包都是独一无二的，这对于粉丝而言也是一件非常有趣的体验。这个品牌在上海就有分店，而且拥有很多粉丝。

## 结语

在这一节里，我们分享了如何运用心理学里的社会规范来引导大家做好的事情，尤其是有助于环保的行为。不知道你学习完这一讲内容后，有什么样的想法？人与自然的和谐相处，需要你我的共同努力，希望行为心理学的知识能在这中间起到有效的助推作用。

# 如何能多存钱

2020 年疫情暴发，改变了很多人的生活。很多人开始感觉到现金流的重要性，而如何多存钱也成为年轻人很关心的问题。不少朋友会说现在存钱很难，银行账户余额似乎很难涨上去。的确，从大数据上看，我国的居民存款增速下滑非常严重。从 2008 年到 2018 年，短短 10 年间，城乡居民存款增速从 18% 下滑到了 7% 左右。

存款不足，会带来很多隐患，在这次突如其来的疫情期间，大家可能都有深刻的体会。很多个人和家庭突然陷入捉襟见肘的困境。对于未来不可预测的风险，我们都需要有足够的储备来支撑。你可能会说，不是我不想存，而是根本没钱可存！现在日常生活需要的花销太大了。

但真的如此吗？其实有研究证明，即使是穷人，那些每天靠不到 1 美元生活的人，也会把钱花到非必要的消费上，比如烟、酒、电视。可见并不是没有钱可以存，只是你没有找到好的办法。从行为心理学的角度出发，让你在能力范围内存下更多的钱，就是这一讲我想和你分享的内容。

# 为什么我们存不下钱

如果问你是否想为未来存足够的钱，你的答案一定是 yes。你甚至可以说出一系列具体的措施，比如减少外出吃饭的次数，不再去买当季最流行的包包，等等。但这些美好的计划似乎总是很难实现。本来说好每周最多出去吃一次，结果今天同事生日，明天下班实在太累了……又出去吃了好几次。当下的情况总会让我们忽略那些美好的计划。再比如，你下定决心攒钱，两年之内不再买包包，结果到了柜台前，看到今年新出的款式，想象着背上它的感觉，又忍不住掏出了手机打开支付码。

其实这些现象反映的恰恰是我们之前介绍的人脑的双系统理论。当你对将来做规划的时候，你用的往往是理性的系统 2。你会更关注你觉得应该做的事情，多存钱，多锻炼，多读书。但真正到每个实际决策的时点，我们冲动的系统 1 就会开始主导。它很容易被诱惑吸引，让我们做出满足短期利益但不利于长期利益的事情。买下那个并不需要的包包，天天出去吃饭，的确让你当下更快乐，但这些都与你想存钱的那个长期目标背道而驰。

# 存钱妙招

可见，存钱不容易，因为它需要我们克服系统 1 的影响，避免优先考虑当下感受的倾向。那如何能克服这种倾向，从而让我们能存下钱来呢？

我想从行为心理学的结论中给你提一些建议。

**首先，发挥默认选项的作用。**你也许还记得，在前面的章节里，

189

我和你分享了"改变为什么如此困难"。人们通常都喜欢墨守成规，不愿意改变当前的状况，这里很重要的一个原因，是因为人们害怕损失。改变现状有可能更好，也有可能更差，但因为我们对于损失的敏感度要远远大于对于获得的敏感度，所以大部分人选择墨守成规，这样可以规避改变可能带来的损失。了解了人的这个特点，我们就可以巧妙地运用它，帮助人们存钱。比如说每个月，工作单位都会从你的薪资中扣除缴纳五险一金的费用，这是默认选项。这一默认选项会强制你为未来做打算。

同样，我们可以根据这个原理，给自己设计一个默认选项，比如在银行设一个存款账户，然后设定成每月发工资时自动从中扣除5%放到这个账户里，用于未来的应急。因为我们规避改变，所以不自觉地就会将存钱的习惯坚持下来。其实默认选项的作用不仅仅适用于存钱，还可以体现在很多其他的地方，比如有个学校想让大家在使用打印机时节约用纸，于是他们把所有的打印机都设置为默认双面打印——当然你也可以选择单面打印。结果一个学期后，学校节省了700多万张打印纸，相当于少砍了几百棵树！这就是默认选项的巨大魔力。

**其次，把明天存钱设置成默认选项。**如果你能把每个月的工资拿出更多的比例放入存款账户，并把这个设成默认选项，当然会增加你存钱的数量。但很多人会说，这不行，现在的钱真的不够花，不能再提高存钱的比例了。等将来挣的钱多了，再多存。你是不是也会有这样的想法？

但你想想，如果将来你的工资真的涨了，你会真的提高存钱的比例吗？大概率是不会，因为到时候你可能又有了新的借口。那怎么办？

2017 年诺贝尔经济学奖的获得者理查德·塞勒（Richard Thaler）教授提出了一个非常有意思的建议，叫"明天多存钱"。这是什么意思呢？就是让你自己决定，是现在提高储蓄率，还是今后涨工资的时候再提高储蓄率。他的假设是，大部分人对于现在就要提高储蓄率会反感，觉得是个损失；但如果是对于将来的承诺，而且是在涨工资之后才发生，感觉就会好很多，也会更容易答应并坚持。

但是否真的如此呢？我们来看一个真实的数据：

塞勒和一家公司合作，在他们的职员中做了一个实验。首先，他对所有的员工提出建议，提高每个月往养老金账户里存钱的比例。具体而言，就是提高 5 个百分点。结果 75% 的员工拒绝了这个建议。对于这部分拒绝的员工，实验人员又建议他们可以在下次涨薪的时候再提高储蓄率，而且以后每次涨薪都提高储蓄率，坚持四次。结果，有 78% 的员工都接受了这个新的建议。这个建议就是所谓的"明天多存钱"计划。

这个实验持续了 3 年半的时间，员工共涨薪四次，那些参与了"明天多存钱"计划的员工的养老金存钱比例也相应调整了四次。他们的储蓄率最终提高到 13.6%。而最开始接受涨 5% 的那些员工，一直维持着这个现状，3 年半下来后，存储率仅保持在 8.8%。所以，现在有更多的企业在采取"明天多存钱"计划，帮助员工多存钱。你也可以考虑给自己和家人设计这样的计划，每次涨薪或者有了额外的收入，自动提高存款的比例。这样，你既不用在当下做痛苦的决定，还能从长远角度增加存款。

**最后，我还想给你介绍一个方法，就是借用行为心理学里"心**

理账户"的概念。心理账户指的是，我们在大脑里会对不同类型的花销生成不同的账户，比如买菜账户、孩子教育账户、家庭旅游账户等，然后把钱分配到这些账户中。

实验证明，钱一旦被分配到这些不同的账户中，就不太容易在账户之间流动。比如，如果今年旅行的预算已经花完了，即使买菜的账户以及孩子教育的账户还有钱，我们也不太会去挪用。你也可以理解成专款专用。

引申下来就是，我们可以把一部分钱放在一个预先生成的存款账户中，而且为了减少挪用的可能性，可以给这个账户加入一些描述，使得挪用它会让你产生愧疚，这样也会帮助你存钱。

曾经有一批研究者在印度当地的建筑工人中做了一个很有意思的实验。当这些工人每个月收到工资时，实验者会把其中一部分钱放进一个单独的信封里，然后告诉工人，这部分钱最好能存起来不花。

实验者还做了一个巧妙的设计，其中一部分人收到的信封上印有他们孩子的照片，另外一部分人收到的信封就是普通的白信封，没有特别的装饰。结果收到上面印有孩子照片信封的那组人，更能做到不去动用存款信封里的钱。为什么呢？相信你肯定已经想到了。因为孩子的照片让这些工人想到这部分钱将用于孩子，所以他们更加可能将它存下来，用于孩子的未来发展。你也可以采用同样的逻辑，将每个月的工资自动转到几个不同的账户：日常消费、自身发展基金、孩子教育基金或者是心愿基金，这样做能帮你规避随意将钱用到不应该用的地方。

# 结语

在这节内容里，我介绍了几种帮助你存钱的方法。不论是默认选项法，还是"明天多存钱"、心理账户等方法，都是帮助我们克服系统 1 优先考虑当下感受的倾向，让我们能做出从长期来看更好的决策。希望这些内容能够帮助你更好地规划自己的生活。

结语

JIEYU

# 如何做出更好的决策

　　作为本书的最后一部分，我想做一个小结，为你推荐一些延展的读物，并且分享一下我学行为心理学这些年的一些感悟，希望能对你更好地了解自己、提高决策质量有所帮助。

　　我构思这本书的初心是希望用朴素的语言为读者介绍一门既严谨又有趣的学科——行为心理学。我希望从生活中的例子入手，为你介绍这些例子背后的心理学原理，并通过讲解一些经典的实验，让你对自己以及自己的决策过程有更清晰的了解。

　　在开篇，我首先提出了一个核心问题：我们是否了解自己？我们的大脑到底是如何工作的？或许你还记得那个袜子的实验，通过这个实验，你了解到其实我们对自己的认知很有限，而影响我们决策的真正因素往往隐藏在我们的潜意识里。

　　之后，我通过系统1和系统2这个比喻，为你解释大脑是如何工作的。我们的大部分决策都是由系统1来完成的，而系统1像是一个精力旺盛而又情绪化的孩子，所以它做决策虽然快速，但难免会有系统的偏差。而系统2就像是一个年长的智者，采用理性的思维方式，遵循规则，但决策速度慢。系统2通常会接受系统1的判断，但我们遇到困难的问题，或者需要自我约束的时候，只能依靠系统2。

紧接着，我用了三个章节的篇幅介绍了影响我们决策过程的三个重要因素：情绪、思维方式以及周围环境。情绪对决策有重要的影响，比如相比"得到"我们会对"失去"有更强烈的感受，会对已经拥有的东西迷恋不能自拔，这也就是所谓的所有权依恋症。关于思维方式，我介绍了一系列的启发式，比如可得性启发式、代表性启发式以及锚定和调整启发式，这些都是帮助我们做决策的思维捷径。它们虽然能让我们在短时间内做出判断，但也会给我们带来系统的偏差。最后，我介绍了环境对决策的影响，比如选择架构的设计以及物理环境和社会环境对我们的影响。这些因素都会对你我的决策产生系统的影响，而且很多时候是我们完全没有意识到的。

当然，这样的影响并不仅仅适用于当下的决策，也同样会影响我们对过去的记忆以及对未来的判断。最后，我介绍了行为心理学在生活中的实际应用，比如如何减少偏见，如何推进环保的行为，以及如何能让你存更多的钱。

当然，行为心理学是一门覆盖面很广的学科，而且它也在不断地发展、演进。我在这本书里介绍的是我认为比较核心的一些内容，如果你对这个话题很感兴趣，希望能进一步学习，下面这些经典的书可能会对你很有帮助。

我想推荐的第一本书，叫《思考，快与慢》。它的作者是我在本书中多次提到的行为心理学的奠基人之一——丹尼尔·卡尼曼。这也是一位对我影响很大的心理学家。他的很多研究，不仅巧妙，而且严谨，系统地解释了人是如何思考以及决策的。这本书含金量很高，但并不太好读，我看过好几遍，而且每次看都会有新的感触。我相信，当你读完我们的书，再去读这本书，你会有更深的理解。

我想推荐的第二本书，是《"错误"的行为：行为经济学的形成》。作者也是我在本书中提到的一位大家，2017 年诺贝尔经济学奖获得者，理查德·塞勒。塞勒在我看来是一位很会讲故事的学者。他能把深奥的学术文章用通俗易懂、引人入胜的语言娓娓道来。在他这本书中，你不仅能学到行为心理学的知识，还可以了解到这个领域中的几位奠基人——卡尼曼、特沃斯基和塞勒本人的性格特点，以及他们因为共同兴趣而结成的美妙动人的友谊。塞勒在读博士的时候并不被他人看好，事实上他的导师在他博士毕业的时候，对他的评价是"我们对他没有寄予厚望"。但他这样充满智慧、好奇心且勇于追求真相，为我们开辟了这个魅力无穷的领域。读这样的书，了解这样的主人公，也会鼓励我们自己，不要人云亦云，要学会独立的思考，用科学、理性的方法了解自己，认知世界。

最后，我也想借这个机会，和你分享一下我学心理学这么多年的一些感悟。

我的第一个感悟是：**不要过于自信，也不要轻信那些信心满满的人的预测**。我们对自己的认知很有限，我们在做决策的时候会受到很多外界因素以及系统 1 的影响，这使得我们的判断容易出现系统的偏差。比如对自己能力的判断，对未来的预测，大部分人并不准确。

你可能会问，这些心理学家对人的心理有这么多的了解，他们是不是就不犯错误，在决策时更加理性？答案是不能。丹尼尔·卡尼曼也曾非常坦率地说，他的决策质量在很多领域并没有随着知识的丰富而提高。为什么？因为系统 1 太强大了，很多时候不由我们控制。所以我的第一条建议是，不要对自己的直觉和判断过于自信，抱着谦虚的心态反而是件好事。这也会让你规避所有权依恋症所带来的思想上的固化，从而更能接受新的信息，随时调整，做出更加合理的判断。与此同时，对于他人的判断，不要因为对方语气自信、有感染力就轻易相信，因为别人和我们一样，都很容易犯错误。

我的第二个感悟是：**让数据说话**。首先，客观地观察自己的行为，更新对自己的认知。你可能自认为是一个很大方的人或者很有毅力的人，但未必是，因为我们对自己的认知通常是不全面的，也偏于乐观。很多时候，你会发现我们的认知和行为相差甚远。

真正了解自己的方法是记录真实发生的行为。其次，通过科学的实验方法，收集数据，尽可能地了解人和世界的真实面目。对于任何一个问题，你都可以首先提出自己的假设，然后采用科学的方法收集数据，最后让客观的数据分析结果告诉你，之前的假设是否正确。这个过程不仅能让你更好地了解自己以及他人，也能让你养成实验的习惯，并意识到很多时候，我们深信不疑的想法并不一定正确，我们其实很难预测别人的态度和观点。

我的第三个感悟，也是与这本书开始提出的问题最直接相关的一个感悟：**当你要做重要决策的时候，到底该怎么做？你会发现日常生活中很多决策的重要性并没有那么大。**所以系统 1 足够用了，虽然有时会犯错，但总体而言，可以说是又快又好。但对于重要的、后续影响很大的决策，我们要让自己先慢下来，系统 2 启动起来，尽可能做理性的思考。

与此同时，要多听取他人的建议。我们看自己很多时候并不客观，但看别人会很清晰。同样，他人对我们的认知会更加精准。但并非所有他人的建议都同等重要，这里需要找到的那个"他人"，最好是一个了解你、在乎你，但同时又不是那么在乎你感受的人。客观的话往往并不好听，但它的价值可能很大。如果你身边有真正在乎你又能和你说真话的人，请你一定要珍惜。

当然，除了上面的三点感悟，多读书，多学习，深耕某个领域，无疑是帮你提升思考决策能力的重要途径。

到这里，这本书也要落下帷幕了。感谢这个美妙的学科，让我们通过文字认识彼此。再次感谢你的阅读。

# 附录

　　我在喜马拉雅讲课过程中，有的朋友提出了一些问题，让我也很想跟大家有所回应。以下回答其中一些提问次数比较多的问题，顺便也分享一些我的心得。

## 1. 为什么那么多国家对中国有意见？

　　我想和大家分享一位来自"00后"朋友的问题。他的问题是：为什么现在有那么多国家对中国有意见？如果你关注新闻，那么一定会和这位朋友一样注意到最近国际上对中国的反对声音比较多，当然主要是来自美国，从贸易战到新冠疫情，到对华为的封杀，最近又要求关闭中国驻休斯敦领事馆，之后还有来自英国以及印度的负面声音。这难免会让人觉得，怎么现在这么多国家都对中国有意见？如果你是这位朋友的家长，你会怎么回答他？

　　对这个问题，我的第一个反应就是我之前提到的可得性启发式。人们喜欢用容易得到的信息做判断，并把它等同于真实的信息。所以就这个问题，**你首先需要问的是，这个问题是否成立？是不是真的有很多国家对中国有意见？**比如，难道反美的国家就比反华的国家数量少吗？不一定。如果不是，那么为什么大家会有这样的认知？这里很可能的一个原因是近来主要的媒体新闻都在讲美国以及其他国家对中国的抵制。这样的新闻随处可见，而且因为容易激发情绪，也会被广泛传播，于是根据可得性启发式，人们会把这样的信息夸大，认为具有普遍性。但这并不一定代表客观事实。

当然，不管对中国有意见的国家是多还是少，无需质疑的一点是，意见肯定是存在的，而且近来尤为凸显。至于为什么，这里的原因有很多。比如中国强大了。你弱的时候，没人在乎你，但现在你强大了，而且要和之前的霸主争夺话语权，必然会产生矛盾。正如中国那句老话，枪打出头鸟。

谢谢这位朋友的问题，让我有机会和更多人分享。其实也有其他听众朋友提到要对新闻多加质疑，客观评价，这样也是在从本质上锻炼你的系统2。我在读博士的整个过程中收获最大的一点，就是提问能力的提高。能提出问题，说明你在思考，能提出好的问题，说明你的批判性思维能力在提高，这是进步的一个最重要的过程。

## 2. 什么是理性？

这条留言很有趣，也很有代表性，所以我想和大家分享一下。

这位听众是在听完第二讲"大脑是如何做决策的"那节课之后留的言。在那节课我给大家出了一道题目：如果5台机器5分钟可以生产出5个零件，那么100台机器需要多长时间能生产出100个零件？很多人第一反应都是100分钟，但正确答案是5分钟。这位听众在悉尼，她听完后兴奋地给我留言："悉尼时间深夜12点半，我的第一反应就是5分钟，能不能说明我是个相对理性的人呢？"

这里涉及一个重要的话题：什么是理性？如何定义理性？这个问题很多人都问过。我们通常会觉得理性的人往往更谨慎，做事深思熟虑，通情达理，可能还会有点儿冷的感觉。但这些只是我们日常的理解。对于经济学家而言，理性有着完全不同的定义。经济学里的理性指的是追求利益最大化，而且更重要的一个特点是：一个理性经济人的信念和偏好具有内在的一致性，也就是说，不管一个人的偏好或决策听上去是否合理，只要是在不同场景下具有一致性，这个人就是理性的。诺贝尔经济学奖获得者卡尼曼曾经举例说，一个人可以相信世界上有鬼，只要他的其他信念也和世界上有鬼这个信念相一致，这个人就是理性的。同样，一个人可以喜欢被别人恨大于被别人爱，只要他的这个偏好具有一致性，这个人也是理性的。可见衡量理性的一个重要标志是偏好和信念具有一致性，而不是你的看法一定是正确的。

这样说来，你就能理解为什么以卡尼曼为代表的一些行为心理学专家，会对理性经济人这个假设提出质疑。因为大量的实验证明，人们的决策、偏好、信念不具备一致性，会受到各类外界因素的影响。比如我们之前讲到的语义效应，同样的信息采取不同的表达方式会改变你的决策，还有随机设定的锚点也会改变人们的偏好。基于此，在行为心理学里，我们认为人不是完全理性而是有限理性。

## 3. 我很喜欢的一档美食节目《不可能成功的餐厅》

在之前的内容中，我和你分享了一个行为心理学里很重要的发现——所有权依恋症，就是人们对自己拥有的东西会迷恋，因而会高估它的价值。这期节目播出后有听众朋友提到对这个概念很有同感，而且专门私信给我，说这个概念让她想到企业家还有股票持有者，他们往往对自己的想法有依恋症，而且这种依恋症有时也会有负面的影响。既然大家对这个概念这么有同感，我想再和大家分享一个所有权依恋症的很有意思的体现，同时分享一个我非常喜欢的美食节目！

我刚去美国读博士的时候，学习压力很大。那时我解压的方法主要有两个，一个是去健身房，另一个就是看美食节目。这么多年过去了，这两个习惯一直延续到今天，而且也在影响着我的孩子和我周围其他的人。

最近让我很喜欢的一档美食节目是美国美食频道的《Restaurant: Impossible》，我把它翻译成《不可能成功的餐厅》。这档节目从 2011 年开始播出，在每一期中，节目的主角罗伯特（一名企业家，也是一位经验丰富的大厨）都会于 48 小时之内，在 1 万美元的预算范围里，帮助一家濒临倒闭的餐厅翻新，并让其重振旗鼓。

我简单描述一下我最近看的这一期节目，让你有一些直观的感受。就在 2020 年 1 月，他们做了一期节目，帮助佛罗里达州的一家希腊餐厅起死回生。节目的开始，是罗伯特走访这家餐厅，发现室内装修完全没有希腊风格，食物难吃，员工没有经过培训，甚至会用手直接触摸送上餐桌的食物。最重要的是，他们对工作没有热情。这家餐厅的老板是一位希腊人，从小在父亲开的餐厅里长大，但父亲去世后，他失去了多年的精神支柱，又身患糖尿病，这家家族餐厅也就每况愈下。

如果你是第一次看这档节目，你可能会猜想这个从天而降的罗伯特会怎么做？他或许会在室内装潢、菜单以及具体的菜品做法上提升并改变这家马上就要关门的餐厅。他和他的团队的确在这些方面下了功夫，但真正打动我的，也是我觉得这档节目最吸引人的地方，是罗伯特更像一位心理咨询师。他会从和店主及其家人，以及员工的访谈过程中发现人的问题，并通过一种既严厉又关爱的方式让店主以及他的员工能够重新找到内心的热情和动力。

就拿上面我提到的这集内容来说，罗伯特在第一天里和这家希腊餐厅的近 10 位员工一起交流，发现每个人都提到了一个同样的问题，就是店主凡事都要自己做主，不会放权，虽然大家都觉得这个老板人很好，但员工并没有工作的热情！

于是罗伯特做了一件很有趣的事情：在第一天结束之前，他让这家餐厅的老板鲍比回家写下每天从进入餐厅到离开需要做的每一件事情。第二天早上，拿到这个清单之后，罗伯特让这位店主当着所有员工的面，模拟完成每一项任务。你可以想象，这位店主当时忙得不可开交、疲惫不堪，而且感觉很糟糕。所以罗伯特想让他明白的第一个道理是：好的领导一定会放权，调动他人的积极性。

然后，作为一家餐厅的店主，最重要的任务就是尽可能和前来用餐的顾客交流，给他们好的体验。而在罗伯特提出这个问题之前，鲍比似乎从来没有意识到自己之前的做法有什么问题。

说到这里，不知道你是否会联想到我们之前讲到的所有权依恋症——迷恋我们拥有的东西，害怕损失，对自己的想法固执己见。事实上，因为喜欢这档节目，对此我也做了一些研究，结果发现很多身处困境的餐厅老板其实是不愿意主动出来寻求帮助的——因为很多时候他们意识不到自己的思路、做法有问题，大部分时候是家人或者职员向节目组发出的求助申请。所有权依恋症有时会害了你，尤其是当你越成功、越有地位时，你越会迷恋自己的想法。

当然在这一期的节目中，店主鲍比接受了罗伯特的批评，有效地把工作委托给了职员。48 小时后，当这家希腊餐厅经过一系列改变，再次开门迎客的时候，不仅其内部装修焕然一新，员工也更有动力积极地工作，店主更是一整天没进厨房，而是在大堂和顾客轻松交流。

如果你看过几期就会知道，这档节目还有一个特点：每次节目一开始，你看到的这家餐厅必定一无是处，这也就是为什么节目的名字是《不可能成功的餐厅》。中间你会看到很多冲突，但结尾一定非常美满。这也是我们日常生活中经常见到的节目和故事的模式。为什么大家都会采用这样的故事结构呢？了解了我前面讲到的"峰终定律"，大家就能够深刻理解这种结构的原因了。

我在早期看这档节目的时候，会问自己，经过48小时改造的餐厅，等罗伯特走了，摄像组不在了，媒体也不再传播了，是否能持续好下去？我还真做了一些研究，结果发现，虽然有些餐厅在参加完这档节目之后的确能维持好的发展势头，但还是有很大一部分餐厅最终以关门告终。这也很符合逻辑，由来已久的问题不是简单的48小时努力就能解决的。但这个节目的设计，中间的心理分析，峰终定律的娴熟运用，都成功地把每一期节目打造成一个动人的故事！与其说这是一档美食节目，不如说这是一档关于心灵的节目。恰恰是因为与人相关，它才如此动人。

## 4. 成功案例值得相信吗？

今天，我想回答一位朋友提出的一个非常好的问题——那些我们经常听到的成功案例是否值得相信并去效仿？

这位朋友是在听完《夜灯会导致近视吗》后提出的这个问题。在那一讲中，我介绍了夜灯是否会导致孩子近视的研究：虽然早期的研究显示夜灯的使用和孩子的近视有相关性，但后来的研究证明两者间并没有因果关系。换句话说，婴儿期间使用夜灯，并不会增加孩子得近视的概率。于是在那节课的结尾，我也特别强调"如果你想了解世界的真相，不要过多相信故事，尤其是那些讲得极具感染力的故事，因为它们往往是片面的"。基于这样的背景内容，这位听众的问题是："历史故事和商学院的案例都是极具感染力的，这些只能作为参考，不能下结论，对吗？"

我觉得这是一个非常好的问题。我自己在商学院教书，也会经常研究成功企业的案例，寻找规律，分享给同学们。类似的成功类书籍更是琳琅满目，而且往往都会用极具感染力的宣传语去劝你购买和学习。它们似乎在承诺，做了这些 1、2、3，你就能了解商业的本质，你的企业也会成功。但在这里我想给你敲个警钟，那就是这些被渲染的成功案例，往往都是个例，很多并没有代表性，更重要的是这里没有必然的因果关系！换句话说，即使你做了所有华为、苹果、谷歌做过的事情，也未必会成功——事实上你大概率会失败。

为什么？这里我想给你介绍一个概念——幸存者偏差。

**所谓幸存者偏差，指的是我们依据存活下来的案例得出的结论，并不能代表真实的世界，因为它忽略了那些没能存活下来的数据。**这个逻辑有点绕，我举个真实的案例，也是幸存者偏差最早的一个应用。

事情发生在二战期间，美国军队想研究该如何加强他们的战斗机。他们观察了遭受攻击后返回的战斗机，发现机翼是最容易被击中的位置，机尾则是最少被击中的位置。于是他们得出结论，应该加强机翼的防护，因为这是最容易被击中的位置。与此同时，一位统计学教授提出相反的结论——我们应该强化机尾的防护。

如果是你，你会同意哪一方的建议？

事实证明，这位统计学教授的结论是正确的。为什么？因为在观察到的样本里，只包含了能平安返回的战斗机，也就是存活下来的样本。被多次击中机翼的战斗机，似乎还能够安全返航；而机尾的位置很少发现弹孔的原因，并非是机尾不容易被击中，而是一旦机尾中弹，飞机大概率就坠亡了，不可能返回。所以，真正需要加固的是机尾。军方采纳了这位教授的建议，并且后来的事实的确证明这个决策是正确的。

可见那些看不见的弹痕，也就是那些没有幸存下来的案例，才是最致命、最有价值的信息！

了解了幸存者偏差，希望你今后再看到成功案例或者极具感染力的故事时，能带着批判思维去审视，多想想这是不是全面的信息，更重要的是想想我在之前提到过的基础概率。

说到这里，我想到前几年"虎妈"兴起，不少家长效仿，一定要对孩子严加管教，之后又出现了"猫爸"，于是家长们又都坐不住了，开始提倡民主，培养孩子的兴趣。其实这两种做法都不能保证一定能教出成功的孩子，毕竟我们看到的只是两个"幸存者"的案例。重要的还是要看基础概率，然后针对自己孩子的特点，尝试不同的方法。其实在因果关系那节内容中，我最后提到的建议是"多去了解客观的数据，采用更全面的视角，并且相信科学实验的价值"。了解基础概率，针对自身的情况实验和试错，或许是一个更好的做决策的路径。

## 5. 一份幸福测试样本分析

在做本书的音频节目时，我邀请大家做了一个关于幸福的小测试。当时有不少朋友帮我转发，让我能在两天之内收到 400 多份有效回答，非常感谢！这也让我意识到大家对这个话题很感兴趣。毕竟，谁不希望自己能幸福呢?

今天我就和大家分享一下从这些数据中我发现了什么。首先我简单描述一下收上来的数据。两天之内，我总共收到 438 份有效问卷:

· 从性别来看:男性 164 人，占 37%;女性 274 人，占 63%。

· 从年龄段来看:30—50 岁的人占了近 58%，30 岁以下的占了 23%，50 岁以上的占了 19%。这是一个比较有年龄跨度的样本。(感谢我的女儿和母亲，让我能收集到 20 岁以下和 60 岁以上的人的数据。)

· 从地区来看:北上广占了整个样本的 62%，是绝对的主体，其他各省都有数据，但样本量都相对较小。所以这个数据的分析结论有地域的局限性。

· 最后从收入的角度看:家庭年收入在 5 万元以下的占 10%;年收入 5 万—10 万元、10 万—20 万元、20 万—30 万元、30 万—50 万元的各占 15% 左右;年收入 50 万元以上的占 30%。

**描述完数据的基本情况，我想和大家分享一下结论，就是在这个样本中，人们到底有多幸福? 谁更幸福?**

在这个问卷中，我通过测量主观幸福感来测量幸福状况。根据现有的文献，我用了两种测量方式。一种是整体的生活满意度——请你想象一下有一架阶梯，层级从 0 到 10，0 代表最糟糕的生活，10 代表最美好的生活，你认为自己站在哪一级台阶上? 这个问题是衡量你对自己整体生活满意度的评价。

与此同时，我还测量了大家日常生活中快乐和痛苦的感受。具体而言，我问参与者昨天是否有过享受和快乐的情绪，以及是否有忧伤、愤怒、压力以及焦虑的情绪。换句话说，我在测量他们当下感受到的正向以及负向的情绪。

所以衡量幸福感主要是通过两个维度：一个是从认知层面，对自己的生活有多满意；另一个是从情感体验层面，是否能在日常生活中感受到快乐。

下面我分享一下测试结果：

我们先看一下整体数据的平均值：在被调查的人中，生活满意度的平均值是 6.5。在 0 到 10 的阶梯上，这是一个中等偏上的水平，整体而言，大家对目前的生活还是比较满意的！关于情绪的测量都是从 1 到 7，而大家的正向情绪的平均值是 4.6，负向情绪的平均值是 2.9。这说明，平均而言，大家感受到的正面情绪相比负面情绪要更多。值得一提的是，这几个数据和在世界范围内的大数据统计出来的结果非常接近。

当然，平均值很多时候会掩盖很多重要的差别，因此除了看平均值，更有价值的是看一看幸福感在不同的人群中是否有明显的差异。

首先，我们看性别，结果显示女性比男性的生活满意度更高。在从 0 到 10 的整体生活满意度上，女性的平均值是 6.7，而男性只有 6.2。这个差距在统计学上是显著的。但对于正向和负向的情绪体验，男女之间的差异并不明显。

其次，我们看一下年龄——你会看到一些非常有意思的结果。

观察一下图 1，你会发现幸福感和年龄的关系是一个 U 型关系。20 岁以下的孩子、60 岁以上的老人，他们的幸福感是最高的。

但中间的人，尤其是20—40岁的人生活满意度是最低的，比起60岁以上的老人整整下降了一个台阶，而40岁以后幸福感开始回升。这个U型的结论也同样体现在他们平时感受到的正向情绪上。20—40岁的人日常生活中感受到的正向情绪最少，但20岁以下以及40岁以上的人感受到了更多的快乐。负向情绪比较有趣：年轻人的负面情绪比较多，包括20岁以下的人。但40岁以上的人感受到的负面情绪相对比较少。

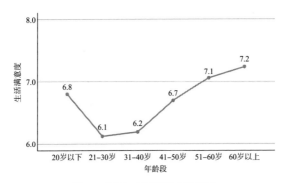

图1　年龄与生活满意度的关系

最后，我们看一下收入和幸福感的关系（见图2）。这也是一个备受关注的话题。对于整体生活满意度，家庭收入和生活满意度有明显的正向关系，也就是更高的收入带来更满意的生活。但更细化的分析显示，这个显著的差异主要是来自于家庭年收入40万—50万元的这组人，他们的幸福感要显著高于家庭年收入在10万元以下的人。但值得注意的是，年收入10万—40万元之间的人在生活满意度上是没有显著差异的。

更重要的是，虽然家庭年收入高于50万元的人的幸福感要比收入在40万元以下的每组人都高，但是和家庭收入40万—50万元之间的人相比，他们之间是没有显著差异的。

　　这告诉我们什么呢？简单而言，收入的确可以提高幸福感，但这个效果对于低收入的人群更加明显。当收入到了一定阶段，它对幸福感的提升就不再显著。至于这个点在哪里，其实不好定论，毕竟我的样本相对于整个中国是一个非常非常小的样本，而且不够随机，不具有代表性，所以我会非常小心地做出定论。但比较有意思的是，我发现的这个临界点——家庭年收入 40 万—50 万元——和一些大数据的研究非常接近。

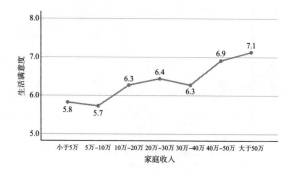

**图 2　家庭收入与生活满意度的关系**

　　另外，我也分析了一下收入和正向情绪、负向情绪之间的关系。对于你每天感受到的正向情绪，你会发现收入对它的影响和收入对整体生活满意度的影响几乎完全一样。家庭年收入在 40 万—50 万元的人感受到的正向情绪要比低收入的人更多，但和家庭年收入 50 万元以上的人没有显著差异。最后，收入和负面情绪的关系并不显著。在这个样本中，各个收入阶层的人感受到的负面情绪没有明显的差异。

　　我想对这些定量的问题结果做些解释，也分享一点我的心得。

　　我必须再次强调，400 多人是一个非常小的样本，而且数据的收集方式并不随机，不具有代表性，所以任何结论都只限于这个样本。我会非常谨慎地将其扩展到其他人群。但是在这个不完美的数据里，我发现的结果却和心理学文献中的结论非常接近。

**第一，女性比男性感受到更高的生活满意度，小孩子和老人也比中年人更幸福。**至于为什么会有这样的结论，大家可以想出各种各样的解释，但因为我没有数据去支持或者驳斥任何解释，在此我就不讨论原因了。**另一个重要的结论是，金钱的确可以提高幸福感，但钱的作用对于低收入的人要更明显。当收入达到一定的水平，它对幸福感的提升就不再显著。**

在那个幸福测试中，除了定量问题，还有另外一个问题，是请参与者列出能让他们更快乐的三件事情。我特地说明，可以是任何愿望。也就是想象你有一个魔法棒，可以帮助你实现所有的愿望，你会提出哪三个愿望？因为这部分内容是文本信息，分析起来比较复杂，我因此多花了一些时间。

我总共收到了 438 个人的回答。每人列出了三个愿望，这样总共有超过 1300 个愿望。你可以想象，大家提出的愿望各种各样。那么要怎样分析这些多元的愿望呢？首先我和我的研究助理阿丽雅分别看了一下每个人的回答，并在此基础上商量了一个把这些愿望进行分类的方法。

具体而言，我们把大家写出的愿望分成了以下几大类：

（1）物质需求：比如挣更多的钱，买车、买房子、购物等。这些愿望都是满足你的物质需求。

（2）自由的时间：很多人提到希望能有更多的时间做喜欢的事情，比如旅游、读书、思考、独处、打游戏、做饭、摄影等。这些愿望我们统一划分在自由的时间这一类别。

（3）和家庭相关：这也是很多人都提到的内容。很多人觉得如果父母健康，家人工作顺利，孩子学业有成、更懂事，生活也就会更快乐、更幸福。

（4）事业以及被认可：比如希望被提拔、项目顺利、工作有成就感、团队优秀、被尊重等。

上面这四大类占了所有愿望的76%。也就是被人们认为能提升幸福感的愿望超过3/4都和物质需要、自由的时间、家庭以及事业这四大类内容相关。

你能猜出这四大类中哪一类愿望在问卷中出现得最多吗？我本来以为物质需求可能会排名第一，毕竟之前有不少研究都提到大部分人都觉得金钱是带来幸福的首要因素。但结果还是比较让我意外，也再次让我提醒自己不要随便相信自己的直觉，要让数据说话。

在这1300多个愿望中，**排名第一的是"自由的时间"**，它占到了总体愿望的23%。有将近1/4的人觉得如果有自由的时间能做自己喜欢的事情，能让自己更加快乐幸福。那这些时间希望花在哪里呢？大家提到比较多的有旅游、读书、独处、做喜欢的事、打游戏等。

**紧接其后的是和家庭相关的愿望**，占比22%，也是很高的比例。他们提到了家庭和睦、父母健康、家人工作顺利等内容。那么大家能不能猜一猜在这个类别中哪个方面的内容被提到的次数最多呢？如果你有孩子，也许你已经猜到了，就是和孩子相关的内容，比如孩子学业有成、不再叛逆、懂事等，在和家庭相关愿望中所占的比重超过 1/3。这个其实也非常符合我们的国情，孩子的确是很多中国家庭最大的关注点。

**排在第三位的才是物质需求，占比 18%。**不出意外，在这个类别里出现频率最高的是金钱，挣更多的钱、有钱、财富这样的关键词占到了这个类别的将近 70%。

**排在第四位的是事业成功以及被认可，**有 13% 的愿望属于这个类别。

当然，除了上面四大类之外，我们也分析了剩下的愿望：

关于身体健康，占了 10% 多些；情感需求，比如更好的夫妻感情，有对象，和朋友聚会等，这些情感需求占总体愿望的 9% 多点；对于理想、生活意义的追求，约占 2%；还有一类是关于帮助、成就他人的，约占 2%。

看到这个排序结果，你有什么感触？对我来说，这样的排序还是挺出人意料的。原来物质需求并不像我们预想的那么重要，而自由的时间和更好的家庭才是大家认为最能提升幸福感的两大愿望。关于这个幸福测验的样本分析，大家可以和第五章的内容结合起来看。心理学的研究成果，揭示了到底什么能给你带来幸福。这些研究是基于更大更全面的样本，也更有参考价值。你可以把心理学的结论和你自己的认知做一个比较，相信会有所启发。

# 参考文献

1. Timothy de Camp Wilson & Nisbett, R. (1978). *The accuracy of verbal reports about the effects of stimuli on evaluations and behavior.* Social Psychology, 41 (2), 118–131.

2. Daniel Kahneman (2011) .*Thinking, Fast and Slow*, Farrar, Straus and Giroux, New York.

3. Berger, J., & Milkman, K.L. (2012) .What makes online content viral?. Journal of Marketing Research, 49 (2), 192–205.

4. Small, D.A., Loewenstein, G., & Slovic, P. (2007) .Sympathy and callousness: The impact of deliberative thought on donations to identifiable and statistical victims. Organizational Behavior and Human Decision Processes, 102 (2), 143–153.

5. Vosoughi, S., Roy, D., & Aral, S. (2018) .The spread of true and false news online. Science, 359 (6380), 1146–1151.

6. Ariely, D., & Loewenstein, G. (2006) .The heat of the moment: The effect of sexual arousal on sexual decision making.Journal of Behavioral Decision Making, 19 (2), 87–98.

7. Tversky, A., & Kahneman, D. (1981) .The framing of decisions and the psychology of choice. Science, 211 (4481), 453–458.

8. Samuelson, W., & Zeckhauser, R. (1988).Status quo bias in decision making. Journal of risk and uncertainty, 1 (1), 7–59.

9. Iyengar, S.S., & Lepper, M.R. (2000).When choice is demotivating: Can one desire too much of a good thing?. Journal of personality and social psychology, 79 (6), 995–1006.

10. Kahneman, D., Knetsch, J.L., & Thaler, R.H. (2008).The endowment effect: Evidence of losses valued more than gains. Handbook of experimental economics results, 1, 939–948.

11. Ross, M., & Sicoly, F. (1979).Egocentric biases in availability and attribution.Journal of Personality and Social Psychology, 37 (3), 322–336.

12. Rothman, A.J., & Schwarz, N. (1998).Constructing perceptions of vulnerability: Personal relevance and the use of experiential information in health judgments. Personality and Social Psychology Bulletin, 24 (10), 1053–1064.

13. Weick, M., & Guinote, A. (2008).When subjective experiences matter: Power increases reliance on the ease of retrieval. Journal of Personality and Social Psychology, 94 (6), 956–970.

14. Tversky, A., & Kahneman, D. (1973).Availability: A heuristic for judging frequency and probability.Cognitive psychology, 5 (2), 207–232.

15. Tversky, A., & Kahneman, D. (1974).Judgment under uncertainty: Heuristics and biases.Science, 185 (4157), 1124–1131.

16. Rosenthal, R., & Jacobson, L. (1966).Teachers' expectancies: Determinants of pupils' IQ gains. Psychological reports, 19 (1), 115–118.

17. Spencer, S.J., Steele, C.M., & Quinn, D.M. (1999).

Stereotype threat and women's math performance. Journal of experimental social psychology, 35 ( 1 ), 4–28.

18. Gwiazda, J., Ong, E., Held, R., & Thorn, F. ( 2000 ) .Myopia and ambient night-time lighting. Nature, 404 ( 6774 ), 144–144.

19. Quinn, G.E., Shin, C.H., Maguire, M.G., & Stone, R.A. ( 1999 ). Myopia and ambient lighting at night. Nature, 399 ( 6732 ), 113–114.

20. Simonson, I., & Tversky, A. ( 1992 ) .Choice in context: Tradeoff contrast and extremeness aversion. Journal of marketing research, 29 ( 3 ), 281–295.

21. Hedgcock, W., & Rao, A.R. ( 2009 ) .Trade-off aversion as an explanation for the attraction effect: A functional magnetic resonance imaging study. Journal of Marketing Research, 46 ( 1 ), 1–13.

22. Chae, B., & Zhu, R. ( 2014 ) .Environmental disorder leads to self-regulatory failure. Journal of Consumer Research, 40 ( 6 ), 1203–1218.

23. Triplett, N. ( 1898 ) .The dynamogenic factors in pacemaking and competition. The American journal of psychology, 9 ( 4 ), 507–533.

24. Keizer, K., Lindenberg, S., & Steg, L. ( 2008 ) .The spreading of disorder. Science, 322 ( 5908 ), 1681–1685.

25. Redelmeier, D.A., & Kahneman, D. ( 1996 ) .Patients' memories of painful medical treatments: Real-time and retrospective evaluations of two minimally invasive procedures. Pain, 66 ( 1 ), 3–8.

26. Kouchaki, M., & Gino, F. ( 2016 ) .Memories of unethical actions become obfuscated over time. Proceedings of the National Academy of Sciences, 113 ( 22 ), 6166–6171.

27. Buehler, R., Griffin, D., & Ross, M. (1994).Exploring the "planning fallacy": Why people underestimate their task completion times. Journal of Personality and Social Psychology, 67 (3), 366–381.

28. Alicke, M.D. (1985).Global self–evaluation as determined by the desirability and controllability of trait adjectives. Journal of Personality and Social Psychology, 49 (6), 1621–1630.

29. Eurich, T. (2017). Insight: The surprising truth about how others see us, how we see ourselves, and why the answers matter more than we think.Currency, New York.

30. Kruger, J., & Dunning, D. (1999).Unskilled and unaware of it: how difficulties in recognizing one's own incompetence lead to inflated self–assessments. Journal of Personality and Social Psychology, 77 (6), 1121–1134.

31. Gilbert, D.T., Killingsworth, M.A., Eyre, R.N., & Wilson, T.D. (2009).The surprising power of neighborly advice. Science, 323 (5921), 1617–1619.

32. Gilbert, D.T., Pinel, E.C., Wilson, T.D., Blumberg, S.J., & Wheatley, T.P. (1998).Immune neglect: a source of durability bias in affective forecasting. Journal of Personality and Social Psychology, 75(3), 617–638.

33. Wilson, T.D., & Gilbert, D.T. (2005).Affective forecasting. Current Directions in Psychological Science, 14 (3), 131–134.

34. Jebb, A.T., Tay, L., Diener, E., & Oishi, S. (2018). Happiness, income satiation and turning points around the world. Nature Human Behaviour, 2 (1), 33–38.

35. Kahneman, D., & Deaton, A.（2010）.High income improves evaluation of life but not emotional well-being. Proceedings of the National Academy of Sciences, 107（38）, 16489-16493.

36. Danziger, S., Levav, J., & Avnaim-Pesso, L.（2011）. Extraneous factors in judicial decisions. Proceedings of the National Academy of Sciences, 108（17）, 6889-6892.

37. Kahneman, D., & Klein, G.（2009）.Conditions for intuitive expertise：a failure to disagree. American Psychologist, 64（6）, 515-526.

38. Klein, G.（2008）.Naturalistic decision making. Human Factors, 50（3）, 456-460.

39. Kahneman, D., Knetsch, J.L., & Thaler, R.（1986）.Fairness as a constraint on profit seeking：Entitlements in the market. American Economic Review, 76（4）, 728-741.

40. Goldstein, N.J., Cialdini, R.B., & Griskevicius, V.（2008）. A room with a viewpoint：Using social norms to motivate environmental conservation in hotels. Journal of consumer Research, 35（3）, 472-482.

41. Soman, D., & Cheema, A.（2011）.Earmarking and partitioning：Increasing saving by low-income households. Journal of Marketing Research, 48（SPL）, S14-S22.

42. Thaler, R.H., & Benartzi, S.（2004）.Save more tomorrow™：Using behavioral economics to increase employee saving. Journal of political Economy, 112（S1）, S164-S187.

# 后记

　　这本书基于我在 2020 年疫情期间于喜马拉雅上开设的一门音频课程《行为心理学 30 讲》整理。

　　我之所以会做这门课程，首先要感谢李海波，是你的几次"助推"，让我决定做出这个尝试，把这个有趣、有意义的学科介绍给更多的人，并在这个过程中受益匪浅。其次要感谢邱裕明帮我敲定主题，更重要的是安排洛丹做这门课的制作人。虽然这个节目已经做完一段时间了，但和洛丹合作的那段日子依然历历在目！我刚刚又看了一下我们的微信对话记录，从 2020 年 4 月 24 日开始联系，到 7 月 17 日课程正式上线，到 9 月 27 日我交出最后一节课的文稿，5 个月的时间，我们保持着频繁、高效的沟通，这个进展速度是超出我的想象的。谢谢你对每一节课的文稿仔细阅读，并提出非常中肯的建议——小到口语化的表达，大到用什么样的例子，如何把理论讲得更清晰明了。每周给你交两节课的文稿，每天早上伴随着鸟叫声录音频，是我那段时间最重要的作业，而你说等我的文稿，像追剧的感觉。这是我遇到的最美好的合作。在这个过程中，虽然辛苦，但我也体验到"心流"的愉悦。谢谢你！

　　这门课的播出，这本书的成型，和我的同事与朋友童璐琼密不可分。她在清华读博士期间曾经到我当时工作的英属哥伦比亚大学访问过一年。在那一年中，我们渐渐熟悉彼此，不仅共同做学术研究，也有幸成为朋友。这次当我决定做这门课的时候，我第一个想到的就是要和她合作。她不仅通晓专业知识，而且对文字的把握、选择现实生活中什么样的例子来解释理论，都比我更胜一筹。有她在，每一节课的文稿都会多一双既专业又敏锐的眼睛把关，也会让这本书读起来更加有条理、更加有趣。这本书是我和童童合作的成果。

当然，最重要的是感谢所有的听众和读者——过去的以及未来的。你们的兴趣和问题激励我做好每一部分内容。希望你们有所收获，也希望将来有线下交流的机会！

最后，感谢我的家人！你们是对我的心理影响最大的人。

朱睿

2021 年 5 月

图书在版编目（CIP）数据

决策的逻辑：生活中的行为心理学 / 朱睿，童璐琼著 .—成都：天
地出版社，2022.5（2025.3 重印）

ISBN 978-7-5455-6714-4

Ⅰ.①决… Ⅱ.①朱…②童… Ⅲ.①决策（心理学）
—通俗读物 Ⅳ.①B842.5-49

中国版本图书馆CIP数据核字（2021）第246172号

JUECE DE LUOJI: SHENGHUOZHONG DE XINGWEI XINLIXUE

## 决策的逻辑：生活中的行为心理学

| | |
|---|---|
| 出 品 人 | 陈小雨　杨　政 |
| 作　　者 | 朱　睿　童璐琼 |
| 责任编辑 | 魏姗姗 |
| 封面设计 | 今亮後聲 HOPESOUND 2580590616@qq.com·小九 |
| 责任印制 | 董建臣 |

| | |
|---|---|
| 出版发行 | 天地出版社 |
| | （成都市锦江区三色路238号　邮政编码：610023） |
| | （北京市方庄芳群园3区3号　邮政编码：100078） |
| 网　　址 | http://www.tiandiph.com |
| 电子邮箱 | tianditg@163.com |
| 经　　销 | 新华文轩出版传媒股份有限公司 |

| | |
|---|---|
| 印　　刷 | 北京文昌阁彩色印刷有限责任公司 |
| 版　　次 | 2022年5月第1版 |
| 印　　次 | 2025年3月第4次印刷 |
| 开　　本 | 880mm×1230mm 1/32 |
| 印　　张 | 7.25 |
| 字　　数 | 160千字 |
| 定　　价 | 48.00元 |
| 书　　号 | ISBN 978-7-5455-6714-4 |